全球变化热门话题丛书

主　编　秦大河

副主编　丁一汇　毛耀顺

# 对地观测卫星在全球变化中的应用

Duidi Guance Weixing zai Quanqiu Bianhua zhong de Yingyong

方宗义　刘玉洁　朱小祥　编著

气象出版社

**图书在版编目(CIP)数据**

对地观测卫星在全球变化中的应用/方宗义等编著.
北京:气象出版社,2003.3 (2009.6 重印)
(全球变化热门话题/秦大河主编)
ISBN 978-7-5029-3554-2

Ⅰ.对… Ⅱ.方… Ⅲ.遥感地面调查-应用-全球环境-环境监测 Ⅳ.X83

中国版本图书馆 CIP 数据核字(2003)第 016925 号

气象出版社出版
(北京市海淀区中关村南大街 46 号 邮编:100081)
总编室:010-68407112 发行部:010-68409198
网址 http://www.cmp.cma.gov.cn E-mail:qxcbs@263.net
责任编辑:俞卫平 李太宇 终审:周诗健
封面设计:新视窗工作室 责任技编:都 平 责任校对:吴庭芳

*

北京京科印刷有限公司印刷
气象出版社发行 全国各地新华书店经销

*

开本:889×1194 1/32 插页:6 印张:5.25 字数:137 千字
2003 年 3 月第一版 2009 年 6 月第三次印刷
印数:6801~9800 定价:20.00 元

---

# 序　言

全球变化科学是从20世纪80年代发展起来的一个新兴的科学领域。其研究对象是气候系统(包括岩石圈、大气圈、水圈、冰冻圈和生物圈)、各子系统内部以及各子系统之间的相互作用。它的科学目标是描述和理解人类赖以生存的气候系统运行的机制、变化规律以及人类活动在其中所起的作用与影响,从而提高对未来环境变化及其对人类社会发展影响的预测和评估能力。近20年来,全球变化的研究方向经历了重大调整。首先是从认识气候系统基本规律的纯基础研究为主,发展到与人类社会可持续发展密切相关的一系列生存环境实际问题的研究;其次是从研究人类活动对环境变化的影响,扩展到研究人类如何适应和减缓全球环境的变化。全球变化的研究已经取得了重大的进展。

气候变化是全球变化研究的核心问题和重要内容。科学研究表明,近百年来,地球气候正经历一次以全球变暖为主要特征的显著变化。近50年的气候变暖主要是人类使用矿物燃料排放的大量二氧化碳等温室气体的增温效应造成的。现有的预测表明,未来50～100年全球的气候将继续向变暖的方向发展。这一增温对全球自然生态系统和各国社会经济已经产生并将继续产生重大而深刻的影响,使人类的生存和发展面临巨大挑战。

自工业革命(1750年)以来,大气中温室气体浓度明显增加。大气中二氧化碳的浓度目前已达到368 ppmv(百万分之一体积),这可能是过去42万年中的最高值。增强的温室效应使得自1860年有气象仪器观测记录以来,全球平均温度升高了0.6±0.2℃。

至更长时间尺度内的地球演化是自然的、人类无法控制的变化。但在10年至百年的时间尺度范围内，上述人类自己的活动却正在改变着地球。其中，地球气候和生物的变化将会由我们的子孙后代来承受。

传统的地球科学各分支学科的成熟，从空间对地球进行全球尺度的观测分析成为可能和承认人类活动是全球变化的因素之一，这三方面的事实共同促成了研究和认识地球科学的一个新概念——地球系统科学的提出。在这里，地球系统是相互作用的那些过程的集合，地球系统科学则是利用全球观测技术，特别是卫星遥感技术来监测、分析地球系统，并将其主要结果上升为概念模型，进而用数值模式来研究、模拟和预测地球的演变和全球变化。

# 全球变化研究对监测技术的依赖

## 几十年至几百年的全球变化

就几十年到几百年时间尺度的全球变化而言，自然变化对人类活动有重大影响，同时人类活动对全球变化的影响也最显著。在这个时间段内，在地球系统科学内主要运行着两类相互作用着的大过程。

- 物理气候系统过程
- 生物地球化学循环过程

图1.1给出了这两个相互作用着的巨大子系统。图中上面的大长方形框为物理气候子系统，下面的大长方形框则为生物地球化学子系统。两个系统之间则通过全球水分循环子系统及其变量(如：温室气体浓度、地表粗糙度和陆面反射率等将两大系统连接起来。人类活动，太阳活动与火山爆发则是这两大系统的外部强迫。

1974年在瑞典斯德哥尔摩召开的气候物理基础和气候模拟国际会议上明确提出了现代气候概念。即，气候系统由大气圈、海

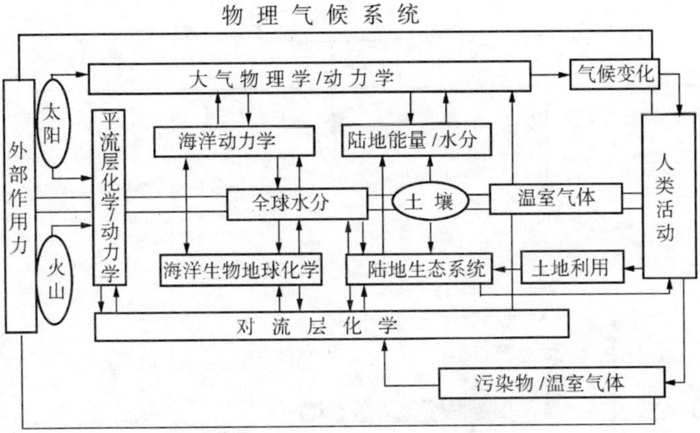


图 1.1 地球系统的组成(引自蓝皮书气候,1990)

洋圈、冰雪圈、岩石圈和生物圈组成。气候的形成和变化不仅是大气内部的状态和行为的反映,而且是与大气有明显相互作用的、由各圈层组成的复杂系统的总体行为。图 1.2 给出了现代气候系统的示意图。图上清楚地给出了气候系统中主要的物理、化学过程。其中,主要包括:

● 辐射过程 大气顶的太阳入射辐射、大气成分和气溶胶的辐射传输、云和地表的辐射过程、地气系统辐射收支。

● 云过程 云的凝结、蒸发、降水等相变过程。通过感热和潜热释放,实现大气动力过程和水循环过程的相互耦合,云与辐射的相互作用,云过程的参数化。

● 陆面过程 不同的土地覆盖、土地的物理特性(如:反射率、粗糙度和土壤湿度等)对地气之间动量、热量和物质交换的影响,从而作用于气候。

● 海洋过程 热带海洋与大气之间有最强烈的耦合,是产生年际气候变化的强信号,它们之间的能量、物质输送及交换过程对10 年或更长时间尺度的气候变化有重要影响。

● 冰雪圈过程 改变地表反射率、地面和大气之间的热量交

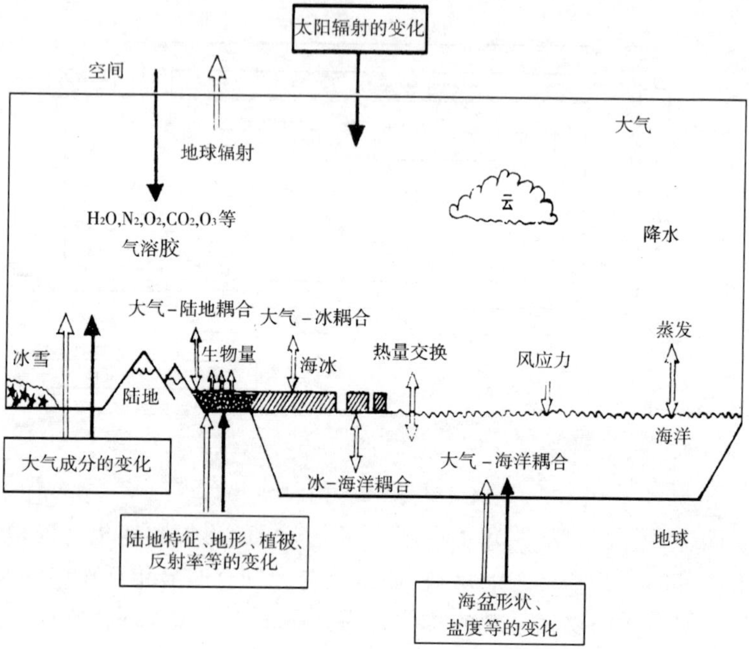


图 1.2 大气-海洋-冰-陆地表面-生物圈耦合气候系统示意图(引自陈泮勤等,1992)

换,海冰抑制了海洋内的动力混合和海气之间辐射和潜热交换。

● 二氧化碳过程 大气-海洋-陆地生态系统之间二氧化碳的生物地球化学循环与物理气候过程之间的相互作用是气候长期变化中最重要的过程之一。二氧化碳的温室效应则是人类活动影响气候的主要方式之一。

生物地球化学循环过程由海洋生物地球化学、地球生态系统以及对流层化学等子系统构成,其实质就是与生命密切相关的含碳、氧、磷、硫等关键元素通过全球环流(大气环流、海洋环流和水分循环)和环境而实现的物质流。其中,海洋及其生物群落在碳和营养物的循环中起着十分重要的作用。例如:每年由于人类活动而排放进入大气的 $CO_2$,至少有一半以上为海洋及其生物群落所吸收。陆地生态系统则控制着生物圈的元素循环和大气成分。其过程则与地球系统中水的运动密切相关。对流层中的微量气体是碳、氮、氧、硫和卤素元素，他们是生物地球化学循环的重要组成部分。图 1.3 给出了在地球系统科学中，生物地球化学循环图。

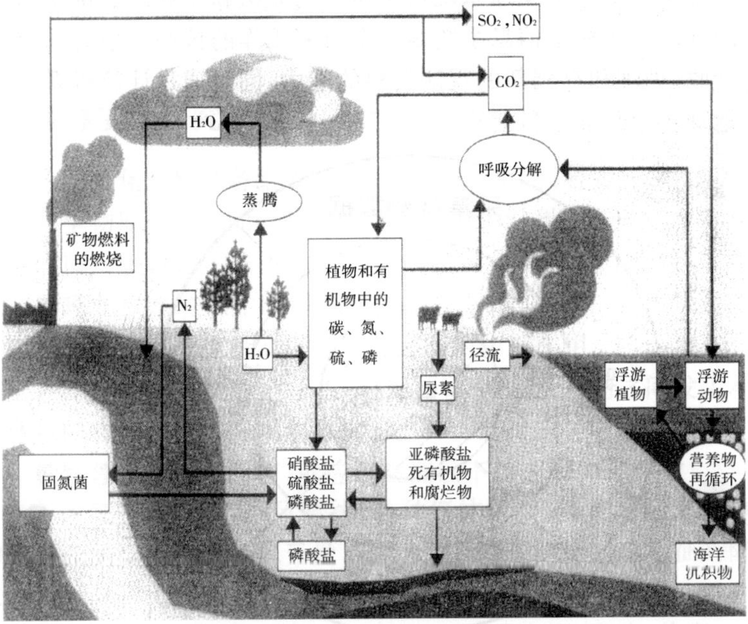


图 1.3 生物地球化学循环图。一些关键元素（如：碳、氮、硫、磷等）在地球系统中的运动过程对维持生命至关重要，它说明了一些关键元素在复杂的生物、化学和物理运动过程中的输送、转化过程（引自陈泮勤等，1992）

## 观测系统的重要性

地球科学各分支学科的长期研究发展说明，其研究有别于生物学、物理学与化学之处在于，地球科学现象大多不能在实验室里重现，作为地球系统科学而言则更是如此。因此，地球科学的研究途径可概括为以下步骤：

## 地基地球大气观测系统的现状

长时间以来，地球科学各分支学科根据自身学科发展和业务应用服务的需要，均各自建立了相对较为单一的观测系统，如：气象、海洋、水文、环保等部门均建立了以地球表面(陆面和水面)为

**表 1.1 对时间尺度为几十年至几百年的全球变化研究所需要观测的长时间的连续的全球地球物理参数**(引自陈泮勤等，1992)

| 变 量 | 重要性分析结果 | 变 量 | 重要性 | 分析结果的质量 |
|---|---|---|---|---|
| 外力： | | 地面特征： | | |
| 太阳辐照度 | ★★★ A | 地面辐射温度 | ★ | F |
| 紫外辐射通量 | ★★ B | 入射太阳通量 | ★ | C- |
| 火山喷射指数 | ★ D | 雪覆盖 | ★ | C |
| | | 雪水当量 | ★ | F |
| | | 河川径流(体积) | ★ | B |
| | | 河川径流(沉积量) | ★ | D |
| | | 河川径流(化学成分) | ★ | F- |
| 对辐射和化学有重要影响的微量成分： | | 地面特征： | | |
| $CO_2$ | ★★★ A | 地面特征(反照率，粗造度，红外和微波辐射发射率) | ★ | C- |
| $N_2O$ | ★★ A | 土地使用变化指数(植被类型的宏观分类) | ★★ | F |
| $CH_4$ | ★★ B | 植被覆盖指数 | | |
| 氯氟烷 | ★★ A | 地面湿度指数 | ★★★ | D |
| 对流层 $O_3$ | ★★ C- | 地壤湿度 | ★ | F |
| CO | ★★ D- | 生物群落范围生产力 | ★★★ | F |
| 平流层 $O_3$ | ★★★ C | 和营养物质循环 | ★★★ | F |
| 平流层 $H_2O$ | ★★ C | | | |
| 平流层 $NO_2$ | ★ C | | | |
| 平流层 $HNO_3$ | ★ C | | | |
| 平流层 $HC_l$ | ★ C- | | | |
| 平流层气溶胶 | ★★ B | | | |
| 大气影响应变量： | | 海洋变量： | | |
| | | 海面温度： | | |
| 地面空气温度 | ★★★ B | 海面温度 | ★★★ | C |
| 对流层温度 | ★★★ B | 海冰范围 | ★★ | B |
| 平流层温度 | ★★ C | 海冰形状 | ★ | D |
| 地面气压 | ★★★ A- | 海冰运动 | ★ | C- |
| 热带风 | ★★ C- | 海风应力 | ★★★ | C |
| 温带风 | ★ B | 海平面 | ★★ | D |
| 对流层水汽 | ★★ D | 入射太阳辐注通量 | ★ | D |
| 降水 | ★★★ C- | 次表层环流 | ★★★ | C- |
| 地球辐射收支分量 | ★★ B | 海洋叶绿素 | ★★★ | C- |
| 云量、云状、云高 | ★★ D | 生物地球化学通量 | ★★ | C |
| 对流层气溶胶 | ★ D | 海洋 $C_2$ | ★★ | C |

注泽：

重要性(对说明和理解全球变化而言)

★★★必不可少的　★★很重要　★重要

分析结果的质量(当前可用的多年全球分析)

A=高质量,标定过。B=容易识别,但绝对精度可疑。C=有用,识别力着。D=定性指数,解释可疑。F=无信息。——=非全球覆盖。

观测平台,以分离建站安装仪器、设备的观测系统。为了叙述方便,打破部门的界限,可以把我国的观测系统归纳为4个子系统。

**大气观测子系统**　这一子系统是发展最早、相对较为完善、以探测大气参数三维分布为目标、由若干观测台站组成的子系统。它由地面气象观测网、高空气象探测网、大气成分观测网和太阳辐射观测网等站网组成。

地面气象观测网采用目测、器测或自动气象观测等技术手段,获取云、水平能见度、天气现象、地面气压、气温、湿度、风向、风速、降水量、雪深、雪压、日照、蒸发、地温、冻土、电线积冰和日射等气象参数。

高空气象探测网采用释放探空气球的方式,每天2次获取地面至25 km范围内的气压、气温、湿度和风向、风速随高度的分布(廓线)以及对流层顶的高度。

大气成分观测网,按观测内容的不同,可以分为几种类型,在我国则分为全球大气本底观象台、区域大气本底观测站,酸雨观测站和臭氧观测站等4种类型。其中全球大气本底观象台的观测项目有二氧化碳、甲烷、黑碳气溶胶、一氧化碳和大气臭氧(总量)等项目.区域大气本底观测站观测大气降水化学、大气混浊度和悬浮颗粒物质浓度等三项。酸雨观测站仅观测大气降水化学。臭氧观测则采用Dobson或Brower臭氧仪,长期观测臭氧总量。对大气成分观测网而言,由于仪器设备的维护费用和操作的技术难度等方面原因,全中国只有一个全球大气本底观象台、4个区域大气本底观测站、5个臭氧观测站和78个酸雨观测站。

太阳辐射观测网,就中国而言,全国共有98个辐射观测站,其中17个1级站,观测总辐射、直接辐射、净辐射、散射辐射和反射辐射等 4 个量;33 个 2 级站观测总辐射和净辐射;48 个 3 级站仅仅观测总辐射。

上述大气观测子系统存在的问题是:分布不均匀,高原、荒漠、海洋和极区几乎是空白;一些观测项目的定标不够好,使观测数据的精度和一致性受到影响;观测项目少,手段单一,如大气成分观测项目中基本上无温室气体、气溶胶和生物地球化学循环中关键要素的观测。

**海洋观测子系统** 海洋观测子系统由多种类型的观测站组成,上个世纪的后 50 年,人类开始了海洋资源的开发和利用,海洋观测也受到了重视和快速发展。在我国,海洋观测子系统由海洋环境观测站、志愿观测船、浮标、海洋调查船、海洋验潮站、岸基测冰雷达和海监飞机等组成。

海洋环境监测站的观测项目有:潮汐水位、波浪、表层海水温度和盐度、海冰、海发光等海洋物理、气象和环境生态要素,全国沿海共有 12 个中心海洋站和 61 个海洋观测站。

海洋浮标观测海面平均风速、阵风风速、风向、海流流向、流速、气压、水温、有效波高、最大波高、波周期等,目前仅有 3 个浮标站在海上业务观测。

验潮站主要进行海平面观测,全国共有 300 多个站分布在我国沿海一带。

志愿观测站和海洋调查船则主要进行不定期和不定点的海洋参数观测,主要观测项目为水文气象参数。

海监飞机主要观测海上溢油污染、赤潮、入海河口和排污口状况。冬季还进行渤海和黄海北部的海冰监测。

海洋观测的主要问题是深海和大洋内部的观测基本上是空白。就沿海而论,其观测站点也太少,且分布不均匀。此外,观测项目少,观测设备相对落后的问题也相当突出。

**陆地观测子系统** 这是指在陆地上进行的针对土壤、各类生态系统、湖泊、地下水等进行的观测。它主要由水文观测网、生态观测网等部分组成。

水文观测网由收集河流、湖泊、水库等水体的各项水文要素的水文站、水位站、雨量站、蒸发站、泥沙站、水质站和地下水观测井等组成。水文观测项目中的径流、水位、地下水和水质等数据既反映了气候属性，又包含了土地利用变化、水资源开发利用等人类活动的影响。他们的主要观测项目是：水位、流量、泥沙、水质、蒸发量和降水量等参数。

陆地生态系统在生物地球化学循环、能量、水分平衡以及生物量的积累和损失等方面起关键作用。生态观测应针对生态系统类型的不同而设立，以中国的陆地生态系统研究网络为例，分别建立了农业生态站、森林生态站、草地生态站、湖泊生态站、海洋生态站、荒漠生态站等六类生态站，形成从北到南，从东到西两个断面，基本覆盖了主要自然地理和气候带。生态站的主要观测项目是：常规气象要素、水分、土壤、生物要素调查、综合观测场试验和辅助观测场试验。观测场试验的具体项目是：田间小气候、土壤要素动态测试、环境要素、生物要素和大气化学要素观测等。由于经济、技术、设备和人员等方面的原因，目前我国仅有29个生态试验站。此外，大量的农业气象观测站也进行农作物生长过程中的发育期和生长状况测量。

**冰雪和冻土观测子系统**　分布在高纬度和高山地区的气象站要进行积雪深度、密度和冻山深度等与冰雪和冻土有关的观测而外，少量的高山综合观测试验站还进行气候梯度、森林、冰川演变和冰山水文等观测。

陆地观测网中水文观测网的密度和观测量基本能满足水循环的要求，但生态和冰川的观测则存在站点少、分布不均、分辨率低和观测项目少等问题。

上述以地表为观测平台组建的观测子系统研究全球变化，存在以下难以克服的困难。

● 观测资料不能覆盖全球，特别是占地球表面70%的海洋和

外层空间的平台上，利用可见光、红外、微波等探测仪器，通过摄影或扫描、感应来自地球大气反射、散射和发射的相应波段的电磁辐射，经过传输和处理，从而识别地球大气物理性质和运动状态的现代探测技术。从外层空间感应来自地球大气的辐射均要经过大气层才能到达宇宙空间。因此，卫星遥感地球表面，首先要解决大气层的遥感问题，要么把它作为地表遥感探测的噪声，避开或滤掉；要么把它作为遥感的对象，遥感大气成分和参数。气象卫星首先得到发展的另一个原因是大气科学业务应用服务的迫切需求和技术上的可行性。所以，早在1960年美国就把第一颗实验气象卫星送上太空，开辟了从外层空间监测地球大气的新纪元。气象卫星探测的巨大成功，空基探测的许多突出优点，促使地球科学的各分支学科竞相发展相应的空间探测技术，资源卫星、海洋卫星和更复杂、综合性更强的地球观测系统卫星的相继升空，成为全球变化研究的基础。

## 气象卫星

气象卫星利用人造地球卫星作为观测、通讯和数据收集的平台，专门用来获取地球大气要素和参数的卫星。早在20世纪50年代初，气象和航天科技专家就提出了在火箭和卫星等空间飞行器上安装摄像机，对地球大气进行观测的设想。1960年4月1日，美国把世界上第一颗试验气象卫星——泰罗斯(TIROS—电视和红外观测卫星的缩写)送入太空，实现了人类从外空对地球大气和云层进行摄像和辐射观测，开创了人类探测气象要素和参数的新纪元。

**气象卫星的种类、发展和现状**　气象卫星按承担的任务不同，可以分为试验气象卫星和业务气象卫星两大类。其中试验气象卫星又有两层含义：一是在卫星上试验对气象探测最有效的姿态、观测方式、星载遥感探测器的能力、获取信息的星上处理和通讯传输方式等，雨云(Nimbus)卫星就是这样的试验气象卫星系列。另一类试验气象卫星是为某些特殊的重大科学研究计划，为了获取某些特定区域、特殊时段和特定观测项目，而专门发射的气象卫星。如热带降水测量卫星（TRMM 卫星）就是为了全球能量和水循环计划，专门为了测量热带地区的降水，特别是研究热带海洋区域降水的日变化而发射的试验气象卫星。为了这一特殊目的，卫星选用了 35 度倾角的轨道和把测雨雷达放在卫星上等技术手段。业务气象卫星是为气象业务观测而发射的气象卫星，它是整个大气业务探测系统的重要成员。其特点是每天应不间断地进行观测，且要把观测资料及时地送到用户手中。

气象卫星的另一种分类方法是按卫星运行的轨道区分为太阳同步近极地轨道卫星和地球同步静止轨道气象卫星。前者的轨道平面与地球赤道平面的交角略大于 90 度，通过卫星绕极运行和地球自转实现获取全球资料并在大致相同的地方时通过地球上任一地区。后一种卫星位于离地面 35800 km 的赤道平面上，卫星相对于地球静止而围绕地球赤道平面运行，从而实现高频次观测卫星视场范围内的区域。目前的业务气象卫星大多选用这两种轨道，其目的是既要获取气候和大尺度天气系统监测所需要的全球资料，也要获取监测中尺度天气系统所需要的高频次观测资料。海洋卫星、地球资源卫星和地球观测系统等针对地球行星尺度观测为目的的卫星，均采用近极地太阳同步轨道。

从第一颗试验气象卫星上天到现在的 40 多年时间内，气象卫星从试验阶段（1960～1965 年）逐步走向业务应用（1966 年到现在）。在业务应用阶段，气象卫星又经历了几次重大的更新换代。以美国的业务极轨气象卫星为例，1966～1969 年为第一代业务极轨气象卫星，其特点是卫星采用自旋稳定的姿态控制，星载的主要探测器为照相机，用 APT（自动图像传输）方式向地面发送资料；第二代业务极轨气象卫星（ITOS 即 NOAA1～5）时期，三轴稳定的姿控，星载主要遥感探测器为甚高分辨率扫描辐射计（AVHRR）和垂直温度廓线仪（VTPR）。用 HRPT（高分辨率图像传输）和

APT 两种方式把资料发送至地面。1978 年到现在是第三代业务极轨气象卫星时期(TIROS-N,即 NOAA-6 到 NOAA-14),星载的主要遥感探测器是 AVHRR 和泰罗斯业务垂直探测器(TOVS)。到目前为止,第三代业务极轨气象卫星已发射 11 颗,维持 20 多年时间。在这段时间里,业务气象卫星仍有不少改进,如:在部分卫星上安装了搜救系统(SAR/NOAA)、地球辐射收支实验仪(ERBE/NOAA9.10)和紫外后向散射仪(SBUV/NOAA-9)等。从 NOAA-15 开始,一个更大的改进是 AVHRR 的通道数由 5 个增加到 6 个,TOVS 中的微波探测器单元(MSU)和平流层探测器单元(SSU)由先进的微波辐射仪(AMSU)所取代,从而实现了全天候的大气温度和湿度探测。从 NOAA－15 开始的卫星系列被称为第四代极轨气象卫星。

业务极轨气象卫星发展的主要表现形式是:星载遥感探测器从比较单一的照相机发展为多种遥感探测器,如 TIROS-N 卫星上就有 AVHRR、TOVS(由 HIRS、MSU、SSU 组成),ERB、SBUV 和 SEM 等多种探测器,标志着卫星探测能力的增强;业务功能从单一的探测演变为集遥感探测、搜救(SARSAT)与资料收集(DCS)于一身;资料传输方式由单一的 APT 发展为高分辨率数字资料传输(HRPT)、低速数字资料传输(DSB)和低分辨率模拟云图传输(APT)。

同样,地球静止轨道业务气象卫星也经过了从试验到业务和业务应用本身的若干次更新换代的发展。如美国目前在轨的 GOES-9 和 GOES-10 均是第三代业务静止气象卫星,其特点是卫星采用三轴稳定的姿态控制方式,卫星上携带有探测云和地表特征的可见光红外成像仪,也有探测大气参数($T$,$q$)垂直分布的垂直探测仪。2002 年欧洲气象卫星组织的第二代静止气象卫星(MSG)也已发射成功,其探测能力大大增强。

图 1.5 是世界气象组织下属的世界天气监测网(WWW)的气象卫星探测系统。此图说明,目前发射和运行的极轨气象卫星有美

国的NOAA卫星、俄罗斯的流星(METEOR)卫星和中国的风云一号(FY-1)卫星(图1.6)。发射和在轨运行的地球静止气象卫星则有美国的GOES卫星、欧洲气象卫星组织的METEOSAT、日本的GMS卫星、中国的风云二号(FY-2)卫星(图1.7)、印度的INSAT卫星和俄罗斯的GOMS卫星。所有这些卫星组成了高频次、高分辨率和覆盖全球的气象卫星探测系统。

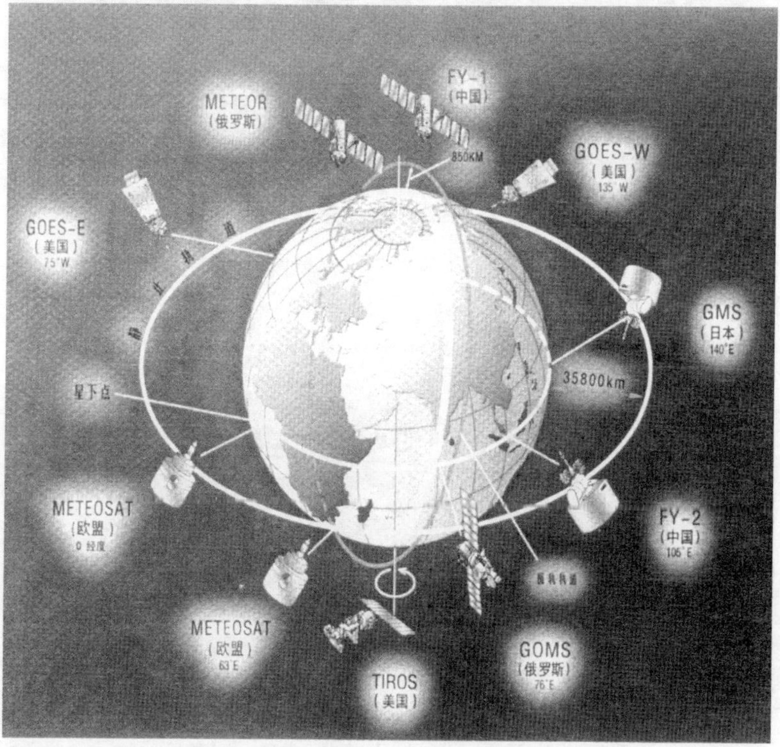


图1.5 全球气象卫星探测系统

**气象卫星的主要遥感探测器** 气象卫星上安装的主要遥感探测器有两大类,一是利用大气在可见光、红外和微波波段的窗区,通过遥感地物和云层在这些波段的反射或发射辐射,来得到地球表面或云层顶面的特征参数。如装置在极轨卫星上的甚高分辨率

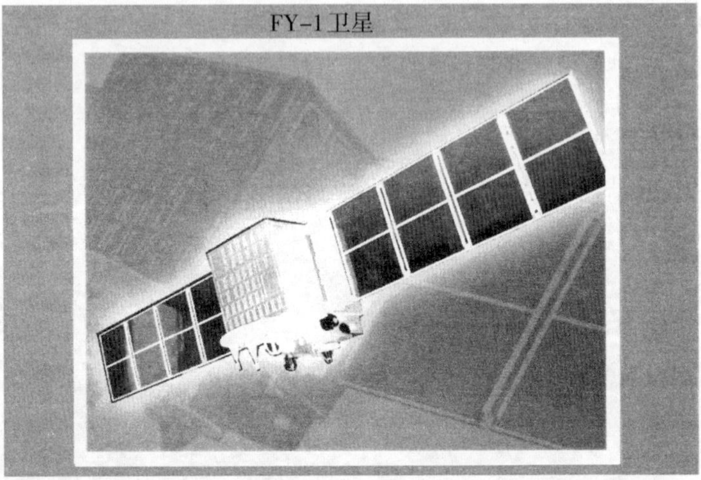


图 1.6　中国的极轨气象卫星风云一号

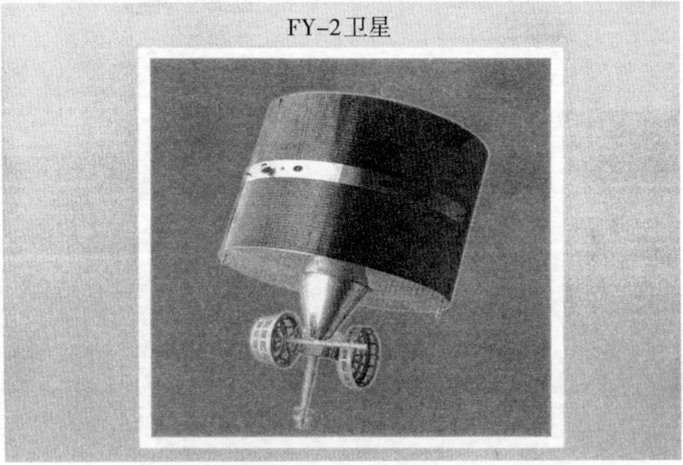


图 1.7　中国的地球静止气象卫星风云二号

扫描辐射仪(AVHRR)和装置在地球静止气象卫星上的可见光和红外自旋扫描辐射仪(VISSR)都是这类探测器的代表。另一类是针对大气成分的吸收光谱特性,通过测量某一气体成分吸收谱线中央及翼区的辐射来获得大气参数($T$,$q$)的垂直分布和吸收气体的含量。如:安装在极轨气象卫星上的泰罗斯业务垂直探测器(TOVS)就是通过测量 $CO_2$,$H_2O$,$O_2$ 和 $O_3$ 在红外和微波波段的吸收谱线中央及其翼区的发射辐射值来获取大气温度和湿度的垂直分布及臭氧总含量。

(1)扫描辐射仪　极轨和静止气象卫星获取云图、陆地表面和海洋表面特征的遥感探测器。其探测原理是在卫星光学成像系统的焦平面上安装对不同波长辐射敏感的探测器。这些探测器可以是单元的,也可以是多元组成的阵列,每个探测器接收的辐射信号来自所对应的地球表面某一地区,这一地区称为像元,要想构成一幅二维图像,必须使像元在地球表面有规律的移动,即扫描。目前极轨气象卫星都采用三轴稳定姿态,利用卫星的运动进行轨道方向扫描,垂直轨道方向的扫描用光学系统中的扫描镜进行。自旋稳定的静止气象卫星上的辐射计利用卫星自转进行东西方向扫描,叫做自旋扫描;南北方向扫描用扫描镜的步进来完成。如果静止气象卫星也采用三轴稳定姿态,一般需要用扫描镜作二维扫描,技术比较复杂。图 1.8 为极轨和静止气象卫星扫描辐射计的扫描成像示意图。

扫描辐射仪的性能主要决定于探测器的光谱通道数、扫描镜的瞬时视场(即图像的空间分辨率)、光谱通道的宽度(光谱分辨率)、探测数据的量化等级(每一个像元的探测数据的比特位,即 6 bit、8 bit 或 10 bit )和探测器的灵敏度(信噪比或等效噪声温度)。表 1.2 为我国风云一号 C 星所携带的 10 通道可见光和红外扫描辐射仪波段、量化等级和用途等特征。通过应用范围一栏可以看到,任何一个探测通道,都有特定的探测目的。通道愈多、获取的信息愈丰富,得到的地球大气参数愈多,其功能就愈强。

地球静止气象卫星位于离地面 35800 km 的赤道上空,以 100 周/分的速率旋转,扫描辐射仪每 25 分钟作出一幅全圆盘图像,相当于一幅圆盘图由 2500 条扫描线组成。在特殊要求下,可以对圆盘内的局部地区进行短时间间隔的扫描成像观测,如几分钟观测

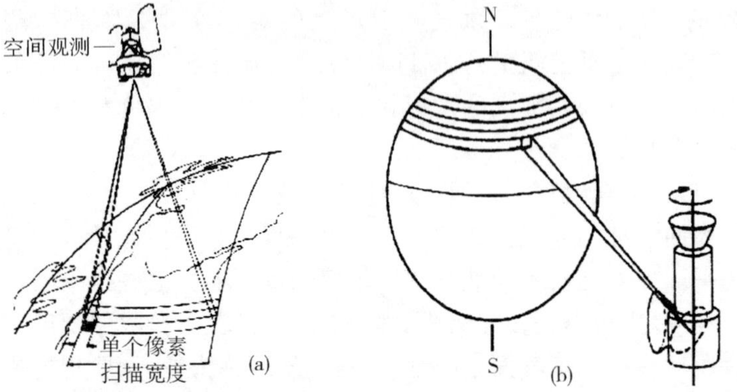


图 1.8 扫描辐射计扫描成像示意图(引自许健民等,1994)
(a) 极轨气象卫星扫描成像示意图 (b) 自旋稳定静止气象卫星扫描成像示意图

一次。美国的 GOES 卫星已经实现了三轴稳定的姿态控制,它 41 秒钟可以对 1000×1000 $km^2$ 的范围观测一次。表 1.3 是现在正在运行的各国静止气象卫星扫描辐射仪的主要特点。

扫描辐射仪的性能仍处于进一步提高之中,如 2002 年发射的第二代欧洲静止气象卫星(MSG),它的探测通道数已经增加到 12 个。增加探测通道数,提高空间分辨率、光谱分辨率,从而获取云和地表更多的信息是其主要发展趋势。

**表 1.2 风云一号第三颗星 10 通道可见光和红外扫描辐射计观测波段与应用表**

| 通道 | 波长(μm) | 空间分辨率(星下点、km) | 信噪比 (S/N)* | 数据量化等级 (bit) | 应用范围 |
|---|---|---|---|---|---|
| 1 | 0.58～0.68 | 1.1 | ≥3(14.6) | 10 | 白天云、冰雪、植被 |
| 2 | 0.84～0.89 | 1.1 | ≥3(18.4) | 10 | 白天云、植被、水陆区界、大气状况、冰雪 |
| 3 | 3.55～3.93 | 1.1 | 温度探测灵敏 ≤0.8 K(0.25 K) | 10 | 昼夜图像,高温热源,地表温度,森林火灾 |
| 4 | 10.3～11.3 | 1.1 | 温度探测灵敏 ≤0.45 K(0.20 K) | 10 | 昼夜图像,海表、地面温度 |

续表

| 通道 | 波长(μm) | 空间分辨率(星下点、km) | 信噪比 (S/N)* | 数据量化等级(bit) | 应用范围 |
|---|---|---|---|---|---|
| 5 | 11.5～12.5 | 1.1 | 温度探测灵敏 ≤0.45 K(0.27 K) | 10 | 昼夜图像,海表、地面温度 |
| 6 | 1.58～1.64 | 1.1 | ≥3(4.5) | 10 | 白天图像,云雪判识,干旱监测,云相区分 |
| 7 | 0.43～0.48 | 1.1 | ≥3(22.5) | 10 | 低浓度叶绿素(大洋水体) |
| 8 | 0.48～0.53 | 1.1 | ≥3(26.2) | 10 | 中浓度叶绿素,泥沙,海水衰减系数,海冰 |
| 9 | 0.53～0.58 | 1.1 | ≥3(24.8) | 10 | 高浓度叶绿素(近海水体),海流,水团 |
| 10 | 0.900～0.905 | 1.1 | ≥3(16.2) | 10 | 水汽 |

注:* 此栏中,括号前是要求的技术指标、括号中是在轨测试的实际值。

**表 1.3　各国静止气象卫星上扫描辐射计的主要特性**

| 国家 | 美国 | 日本 | 欧洲 |
|---|---|---|---|
| 卫星姿态 | GOES 三轴稳定 | GMS～5 自旋稳定 | METEOSAT 自旋稳定 |
| 通道(μm)及分辨率(km) | 0.55～0.75(1)<br>10.2～11.2(4)<br>11.5～12.5(4)<br>3.8～4.0(4)<br>6.7～7.0(8) | 0.55～0.9(1.25)<br>10.5～11.5(5)<br>11.2～12.5(5)<br>6.5～7.0(5) | 0.45～1.0(2.5)<br>10.5～12.5(5)<br>5.7～7.1(5) |
| 红外通道噪声等效温度 NE△T | 0.14～0.3 K (300 K) | 0.22～0.35 K (300 K) | IR0.4K(290 K)<br>WV1K(260 K) |
| **国家** | **印度** | **俄罗斯** | **中国** |
| 卫星姿态 | INSAT 三轴稳定 | GOMS 三轴稳定 | FY～2 自旋稳定 |
| 通道(μm)及分辨率(km) | 0.55～0.75(2)<br>10.5～12.5(11) | 0.46～0.7(1.25)<br>10.5～12.5(6.5)<br>6.6～7.0(6.5) | 0.55～1.05(1.4)<br>10.5～12.5(5.7)<br>5.7～7.1(5.7) |
| 红外通道噪声等效温度 NE△T | 0.2 K (300 K) | | ～0.6 K (300 K) |

(2)大气参数垂直探测器　利用大气中某些分布均匀的气体成分的吸收特性,通过卫星上的遥感探测器对这些气体吸收谱线及其两翼的发射辐射的测量,来获取大气参数垂直分布的遥感探测器。先进的泰罗斯业务垂直探测器(ATOVS)就是其代表。

ATOVS 由两个探测仪组成。其中的高分辨红外探测器

(HIRS)是一个由19个红外通道和1个可见光通道组成的滤光片式分光计。用150 mm的光学口径,通过垂直卫星轨道平面的步进扫描来获取对地球大气的探测信息。20个通道中有10个是$CO_2$吸收带区、3个是水汽吸收带区、2个是NO吸收带区、1个是$O_3$吸收带区、4个通道位于窗区。20个通道的高级微波探测仪(AMSU)是组成ATOVS的另一重要仪器。它由$AMSU_A$和$AMSU_B$两个部分组成,$AMSU_A$由15个通道组成,其中第3～14通道位于氧分子共振带,用于探测大气温度的垂直分布,通道1、2用于测量大气湿度和是否有降水。$AMSU_B$由5个通道组成,其中第17～20通道位于水汽强吸收共振带翼区,用于测量大气湿度。

**表1.4 HIRS光谱通道特性**

| 通道序号 | 中心波数($cm^{-1}$) | 中心波长($\mu m$) | 半功率带宽($cm^{-1}$) | 主要吸收成分 | 峰值能量贡献高度(hPa) | 主要探测目的 |
|---|---|---|---|---|---|---|
| 1 | 668 | 15.00 | 3 | $CO_2$ | 30 | 大气温度的垂直分布 |
| 2 | 679 | 14.70 | 10 | $CO_2$ | 60 | |
| 3 | 691 | 14.50 | 12 | $CO_2$ | 100 | |
| 4 | 704 | 14.20 | 16 | $CO_2$ | 400 | |
| 5 | 716 | 14.00 | 16 | $CO_2$ | 600 | |
| 6 | 732 | 13.70 | 16 | $CO_2/H_2O$ | 800 | |
| 7 | 748 | 13.40 | 16 | $CO_2/H_2O$ | 900 | |
| 8 | 898 | 11.10 | 35 | 窗区 | 表面 | 表面温度 |
| 9 | 1028 | 9.70 | 25 | $O_3$ | 25 | 臭氧总含量 |
| 10 | 1217 | 8.30 | 60 | $H_2O$ | 900 | 水汽的垂直分布 |
| 11 | 1364 | 7.30 | 40 | $H_2O$ | 700 | |
| 12 | 1484 | 6.70 | 80 | $H_2O$ | 500 | |
| 13 | 2190 | 4.57 | 23 | $N_2O$ | 100 | 大气温度的垂直分布 |
| 14 | 2213 | 4.52 | 23 | $N_2O$ | 950 | |
| 15 | 2240 | 4.46 | 23 | $CO_2/N_2O$ | 700 | |
| 16 | 2276 | 4.40 | 23 | $CO_2/N_2O$ | 400 | |
| 17 | 2361 | 4.24 | 23 | $CO_2$ | 5 | |
| 18 | 2512 | 4.00 | 35 | 窗区 | 表面 | 表面温度 |
| 19 | 2671 | 3.70 | 100 | 窗区 | 表面 | |
| 20 | 14367 | 0.70 | 1000 | 窗区 | 表面 | 表面反射率 |

AMSU和HIRS联合在一起,可以全天候地探测大气温度、湿度的垂直分布和臭氧总量。表1.4,1.5和1.6分别给出HIRS-3,$AMSU_A$和$AMSU_B$的仪器特征参数。

表 1.5 AMSU-A 光谱通道特性

| 通道序号 | 中心频率(MHz) | 带通数目 | 通道宽度(MHz) | 中心频率稳定度(MHz) | 温度灵敏度(NE△T,K) | 定标精度(K) | 极化角度 |
|---|---|---|---|---|---|---|---|
| 1 | 23800 | 1 | 270 | 10 | 0.3 | 2.0 | V |
| 2 | 31400 | 1 | 180 | 10 | 0.3 | 2.0 | V |
| 3 | 50300 | 1 | 180 | 10 | 0.4 | 1.5 | V |
| 4 | 52800 | 1 | 400 | 5 | 0.25 | 1.5 | V |
| 5 | 53596±115 | 2 | 170 | 5 | 0.25 | 1.5 | H |
| 6 | 54400 | 1 | 400 | 5 | 0.25 | 1.5 | H |
| 7 | 54940 | 1 | 400 | 5 | 0.25 | 1.5 | V |
| 8 | 55500 | 1 | 330 | 10 | 0.25 | 1.5 | H |
| 9 | 57290.344MHz=$f_{LO}$ | 1 | 330 | 0.5 | 0.25 | 1.5 | H |
| 10 | $f_{LO}$±217 | 2 | 78 | 0.5 | 0.4 | 1.5 | H |
| 11 | $f_{LO}$±322.2±48 | 4 | 36 | 1.2 | 0.4 | 1.5 | H |
| 12 | $f_{LO}$±322.2±22 | 4 | 16 | 1.2 | 0.6 | 1.5 | H |
| 13 | $f_{LO}$±322.2±10 | 4 | 8 | 0.5 | 0.80 | 1.5 | H |
| 14 | $f_{LO}$±322.2±4.5 | 4 | 3 | 0.5 | 1.20 | 1.5 | H |
| 15 | $89.0\times10^3$ | 1 | 6000 | 50 | 0.5 | 2.0 | V |

表 1.6 AMSU-B 光谱通道特性

| 通道 | 中心频率 | 通道带宽(MHz) | | | |
|---|---|---|---|---|---|
| 序号 | (GHz) | 双边带宽 | 单边带宽 | 中频带宽 | 截止带宽 |
| 16 | 89.0 | 6000 | 3000 | ≥1,000 | ±400 |
| 17 | 150.0 | 4000 | 2000 | ≥1000 | ±400 |
| 18 | 183.31±1.0 | 1000 | 2×500 | 500 | — |
| 19 | 183.31±3.0 | 2000 | 2×1000 | 1000 | — |
| 20 | 183.31±7.0 | 4000 | 2×2000 | 2000 | — |

**由气象卫星获取大气和地表参数** 要把卫星探测的辐射值转化为气象变量或参数均有一个复杂的资料处理过程。资料处理大多由两部分构成。

● 资料预处理 经过分类编辑、质量检验、辐射定标、地理定位、临边变暗订正和数据压缩之后，生成的卫星观测的各像元的辐射测值数据集(通常称为 1B 数据集)。

● 产品处理 通过物理模型或统计模型将 1B 数据集转换成大气、云或地表参数的计算过程。

以利用极轨气象卫星的 AVHRR 资料处理出洋面温度为例，

它的主要步骤是：

● 云检测　通过一套判识规则，去掉云区，仅对无云的晴空区进行洋面温度处理。

● 大气削弱订正　通过分裂窗或数值预报场等去掉大气中的水汽对海面发射辐射的吸收。

● 计算洋面温度　利用多通道的经验公式 $SST=aT_i+r(T_i-T_j)+C$ 计算洋面温度。式中 $T_i$、$T_j$ 为通道 $i$ 和 $j$ 的辐射亮温，$a$、$r$ 和 $C$ 为经验系数。

类似通过研究和试验，可以得到多种参数的加工处理物理模型，利用相应的计算机应用软件，就可以加工出多种产品。表 1.7 和表 1.8 是国家卫星气象中心业务应用系统，经过对接收到的 FY-1C 气象卫星原始探测数据加工生成的有关大气、海表、陆表和云的产品。

**表 1.7　由 FY-1C 气象卫星生成的区域产品**

| 序号 | 产品名称 | 空间分辨率 | 覆盖范围 | 产品精度 |
|---|---|---|---|---|
| 1 | CHRPT1A.5、1B 数据集 | 1 km | 中国及周边地区 | 1 km |
| 2 | 全国高分辨率晴空数据集 | 1 km | 中国及周边地区 | 1 km |
| 3 | 单轨云图 | 1 km | 中国及周边地区 | 1 km |
| 4 | 亚欧拼图 | 2 km | | 2 km |
| 5 | 单轨展宽图 | 2 km | 中国及周边地区 | 2 km |
| 6 | 海面温度 | 10～50 km | 中国海域 | ±1.5° |
| 7 | 海洋水色 | 1～6 km | 中国海域 | +20% |
| 8 | 森林火灾监测 | 1 km | 中国大陆 | 1 km |
| 9 | 植被指数 | 1～6 km | 中国大陆 | 1 km |
| 10 | 土壤湿度 | <10 km | 中国大陆 | ±15% |
| 11 | 海冰 | 1 km | 中国海域 | 1 km |
| 12 | 积雪 | 1 km | 中国大陆 | 1 km |
| 13 | 地面反照率 | 5 km | 中国大陆 | ±15% |
| 14 | 地面温度 | 4 km | 中国大陆 | ±1.5° |
| 15 | 云参数 | 4 km | 中国及周边地区 | 云高±1 km，云量±10% |
| 16 | 云分析图 | | 中国及周边地区 | |
| 17 | 射出长波辐射 | 50 km | 中国及周边地区 | 7 W·m$^{-2}$ |
| 18 | 海上气溶胶 | 50 km | 中国海域 | ±30% |
| 19 | 水汽总含量 | 10～15 km | 中国及周边地区 | ±20% |

表 1.8　由 FY-1C 气象卫星生成的全球产品

| 序号 | 产品名称 | 空间分辨率 | 覆盖范围 | 产品精度 |
|---|---|---|---|---|
| 1 | LDPT1A.5、1B 数据集 | 1 km | 全球局部区域 | 1 km |
| 2 | GDPT1A.5、1B 数据集 | 4 km | 全球 | 4 km |
| 3 | 全球高分辨率投硬晴空数据集 | 1 km | 全球任意地区 | 1 km |
| 4 | 全球高分辨率投硬晴空数据集 | 4 km | 全球 | 4 km |
| 5 | 单轨云图 | 1,4 km | 全球 | 1,4 km |
| 6 | 极射赤面投影拼图 | 4 km | 南北半球 | 4 km |
| 7 | 麦卡托投影拼图 | 4 km | 45°～45°S | 4 km |
| 8 | 等经纬度投影拼图 | 4 km | 50°～50°S | 4 km |
| 9 | 海面温度 | 50 km | 全球海域 | ±1.5° |
| 10 | 植被指数 | 4～16 km | 全球陆地 | 4 km |
| 11 | 云参数 | 50 km | 全球 | 云高±1 km，云量±10% |
| 12 | 射出长波辐射 | 50 km | 全球 | $7\ W \cdot m^2$ |
| 13 | 积雪范围 | 4 km | 全球 | 4 km |
| 14 | 海水范围 | 4 km | 全球海洋 | 4 km |
| 15 | 气溶胶 | 50 km | 全球 | ±30% |
| 16 | 地面反照率 | 50 km | 全球 | ±15% |
| 17 | 地面温度 | 4 km | 全球 | ±1.5° |
| 18 | 水汽总含量 | 50 km | 全球 | ±20% |
| 19 | 极地风矢量 | 5 km | 极地区域 | |
| 20 | 大气参数 | 1°×1° | 全球 | |
| 21 | TB1C 轨道报 | | | |
| 22 | 卫星过境轨道报，供二个地面站使用 | | | |
| 23 | 卫星星下点预报，供资料处理中心使用 | | | |

## 陆地卫星

用于陆地资源和环境探测的卫星称为陆地卫星。截今为止，全世界已有美、俄、法、加、欧共体、中国、日本等十多个国家，发射了24 个系列，50 多个型号的陆地卫星。

**陆地卫星的分类和发展**　陆地卫星有多种分类方式。如按卫星获取、传输资料的方式分为数据传输型卫星和返回式陆地卫星；按卫星的综合能力分，则可分为陆地卫星、高分辨率陆地卫星、高光谱陆地卫星和合成孔径雷达卫星等四类。目前，从应用的角度多采用后一种分类方式。

(1)陆地卫星　美国的 Landsat 系列,法国的 SPOT 系列,印度的 IRS 系列,日本的 JERS、俄罗斯的 Resurs-O 系列和中国的 CBERS 系列均属于这类卫星。在所有的陆地卫星系列中以美国的 Landsat 发射得最早、维持的时间最长,特作如下介绍。

1972 年 7 月 23 日发射了第一颗陆地卫星(当时命名为地球资源技术卫星(ERTS))。从第二颗命名为陆地卫星以来,至今已发射了 7 颗 Landsat 卫星。此卫星系列均选用太阳同步近极地圆形轨道,轨道倾角 98.25°,高度 700 km,16 天覆盖全球一遍。表 1.9 是这一卫星系列每颗卫星的主要特点。表中的 MSS、RBV、TM 和 ETM 为星载的主要遥感探测器。表 1.10 给出了 TM 的主要技术指标。这是运行时间长、获取资料多、在遥感界获得广泛应用的一个探测器。

**表 1.9　陆地卫星系列的主要技术状况表**

| LANDSAT | 发射年代 | 传感器 | 分辨率(m) | 通道 |
|---|---|---|---|---|
| 1 | 1972 | MSS,RBV | 80,80 | 4,3 |
| 2 | 1975 | MSS,RBV | 80,80 | 4,3 |
| 3 | 1978 | MSS,RBV | 80,40 | 5,1 |
| 4 | 1982 | TM,MSS | 30,80 | 7,4 |
| 5 | 1984 | TM,MSS | 30,80 | 7,4 |
| 6 | 1993(失败) | ETM | 15,30,120 | Pan,6,1 |
| 7 | 1998 | ETM+ | 15,30,60 | Pan,6,1 |

(RBV:返束光导摄像管;ETM:改进的专题成像制图仪;PAN:全色波段)

**表 1.10　TM 探测器的主要技术指标**

| 波段(μm) | 分辨率(km) | 量化等级(bit) | 扫描幅宽(km) | 像元数 | 信噪比(S/N) |
|---|---|---|---|---|---|
| 0.45～0.52 | 30 | 8 | 185 | 6320 | 52～143 |
| 0.52～0.60 | 30 | 8 | 185 | 6320 | 60～279 |
| 0.63～0.69 | 30 | 8 | 185 | 6320 | 48～248 |
| 0.79～0.90 | 30 | 8 | 185 | 6320 | 35～342 |
| 1.55～1.75 | 30 | 8 | 185 | 6320 | 40～194 |
| 10.40～12.5 | 120 | 8 | 185 | 6320 | 0.1～0.25K(NE△T) |
| 2.08～2.35 | 30 | 8 | 185 | 6320 | 21～164 |

(2)高空间分辨率卫星　这主要是指一些空间分辨率小于 10 m 的卫星。这类卫星早期主要用于军事目的。上世纪 80 年代后期，分辨率 5 m、甚至更小的图像均进入商业市场。目前正在运行的美国快鸟(Quick Bird)卫星和以色列的 EROS 卫星的分辨率均达到 1 m。由于这类卫星观测的幅宽甚窄，限制了它在大范围资源环境监测中发挥作用。

(3)高光谱分辨率卫星　这是指卫星上的探测器具有高光谱特性，可以得到光谱分辨率 5～10 nm 的遥感信息。因为大气、海洋和陆地表面不同成分、不同覆盖类型的区分均依赖于他们之间光谱特征的差异。高光谱分辨率信息的获取是增强遥感卫星探测能力的重要手段，是衡量卫星功能的一个重要指标。目前，安装在 EOS 卫星上的中分辨成像光谱仪(MODIS)，其分辨率就达到了 5～10 nm。

(4)合成孔径雷达卫星　这是把主动遥感的高方位分辨率的相干雷达装置安装在卫星上的遥感卫星。1978 年 6 月发射的海洋卫星(Seasat)是世界上第一颗装载这一遥感探测器的卫星。此后俄罗斯、欧洲航天局、德国、日本等国家均发射了 SAR 卫星。中国在不久的将来也要发射 SAR 卫星。由于微波具有穿透云的能力，因此在陆地表面和海洋表面的探测中占有十分重要的位置。

**陆地卫星的应用**　陆地卫星的高光谱分辨率、高空间分辨率和其中的 SAR 具有穿透云层的能力等，决定了它在监测陆地表面和海洋表面的特征方面具有广阔的应用领域。表 1.11 列出了 TM 探测器 7 个探测通道的主要应用方面。结合前面提到的对岩石圈、水圈和生物圈监测的重要性，充分显示了陆地卫星在全球变化研究中的地位和作用。当然，陆地卫星中 1 m 空间分辨率图像在军事上的应用，SAR 资料在洪涝灾害监测中的应用等等，在这里就不一一提及了。

表 1.11 TM 遥感探测器各通道的主要用途

| 光谱段(μm) | TM 主要应用 |
|---|---|
| 0.24～0.52 | 测绘水系和森林覆盖图,识别土壤和常绿叶植被 |
| 0.52～0.60 | 探测植物绿色反射率和水下特征 |
| 0.63～0.69 | 测量植物叶绿素吸收率,进行植被分类 |
| 0.76～0.90 | 测估地表生物量和作物长势,确定水体轮廓 |
| 1.55～1.75 | 测量土壤水分和地质研究,区分云和地表积雪 |
| 2.08～2.35 | 城市利用,岩石反射率和地质研究,水热制图 |
| 10.4～12.5 | 植物热损伤评估和其他地表热红外制图 |

## 海洋卫星

海洋卫星就是在人造地球卫星上安装探测海洋特征和参数的对地遥感卫星,海洋卫星按其功能可分为海洋水色卫星、海洋动力卫星两大类。

海洋水色卫星上的遥感器使用可见光和近红外波段,通过测量海面的离水辐射,探测海水中的叶绿素、黄色物质(可溶性有机物)和悬浮泥沙的含量。这类卫星有 1997 年 8 月美国发射的海星 SeaStar,主要的有效载荷为宽视场水色扫描仪 SeaWiFS,它的前身是 1978 年 10 月美国雨云 7 号卫星上的海岸带水色扫描仪 CZCS。1998 年 11 月印度发射的 IRS-P4 卫星,主要的仪器为海洋水色光谱仪 OCM。1997 年 7 月韩国发射的水色卫星 KOMPSAT,主要的仪器为 OSMI。我国也于 2002 年 5 月发射海洋水色卫星 HY-1。主要的仪器为水色扫描仪和 CCD 成像仪(此前,台湾已于 1999 年 1 月发射了一颗 ROCSAT 卫星,主要的仪器为水色成像仪 OCI)。

海洋动力卫星上的有效载荷一般多为主被动微波遥感器,通过测量海面对雷达的后向散射回波以及海洋自身的微波辐射,探测海浪、海流、海面高度、海面风场等海洋动力要素。这类卫星有美国 1978 年 6 月发射的海洋卫星 SEASAT,主要的仪器有雷达高度计、雷达散射计、合成孔径雷达和多通道扫描微波辐射计。1991 年 7 月和 1995 年 4 月欧空局分别发射了遥感卫星 ERS-1 和

ERS-2，从有效载荷看，这两颗卫星主要目的是观测海洋，星上的主要仪器有雷达高度计、沿轨迹扫描微波辐射计以及有成像、测波和测风三种工作模式的主动微波仪器。1992年10月美国和法国联合发射一颗用于测量海面高度的地形卫星 TOPEX/POSEIDON，主要的仪器为一台双频雷达高度计和一台单频固态高度计，以及用于大气订正的微波辐射计，它是目前最高水平的测高卫星，其技术指标比早先的测高卫星 GEOS、Geosat 都先进。海洋地形（TOPEX/POSEIDON）卫星和测地卫星（GFO）均能以很高的精度测量海洋地形。这对于监测厄尔尼诺现象，精确地测绘全球潮汐图和提高对地球重力场的认识，均是十分有价值的探测信息。1995年1月加拿大发射的雷达卫星 RADARSAT，星上的C波段合成孔径雷达主要用于观测海洋和海冰；1999年7月美国发射 QuikSCAT 卫星，主要的仪器为测风散射计 SeaWinds。

### 地球观测系统（EOS）

EOS 是美国宇航局制定的大型地球观测系统计划，时间跨度近20年。它也是国际全球变化研究计划（GCRP）的重要组成部分，是全球变化研究获取观测信息的主要手段。

**EOS 的目的和主要任务**　EOS 的宗旨是增进对时间尺度为几十年至100年的全球变化的认识，并预测地球系统在这个时间尺度内的变迁。其具体的科学目标为：

- 增进对地球作为一个整体系统的认识
- 利用卫星、飞机及相关的地面系统观测和描述整体地球的特征
- 了解在全球和区域尺度上由于自然和人为原因引起的气候变化
- 分析和预测这种变化对人类健康和福利所造成的后果
- 为创建文明的环境政策作贡献

为了实现上述目标，计划中的 EOS 卫星主要有6个系列，即 EOS-AM 系列（升空后命名为 Terra）、EOS-PM（升空后命名为

Aqua)、EOS-COLOR(EOS 的水色观测卫星)、EOS-AERO(EOS 的气溶胶观测卫星)、EOS-ALT(EOS 的测高卫星)和 EOS-CMEM(EOS 的化学卫星)。

EOS 的上述 6 种卫星在轨卫星寿命均为 5 年,相继在 1999 年之后的 5 年内发射升空,每隔 5 年后补发一颗卫星,连续提供 15 年的资料。

**EOS 的第一颗卫星 Terra** EOS-AM 的第一颗卫星 Terra 于 1999 年 12 月 18 日发射升空。卫星采用太阳同步近极地圆形轨道,高度 705 km±5 km,轨道倾角 98.2°±0.15°,Terra 卫星上共有 5 台遥感探测器。

● ASTER—先进的热发射和反射辐射计。由 3 个波段 14 个探测通道组成。主要获取陆地、水体、冰盖和云在可见光、短波红外和热红外三个波段的高分辨率图像,其地面分辨率分别是 15 m、30 m 和 90 m。

● CERES—云和地球辐射能量系统、测量全球辐射能量平衡,分辨率 25 km。

● MISR—多角度成像光谱辐射计。由 4 台在可见光-红外波段的 CCD 相机组成,主要用于探测地表、气溶胶、火山爆发和云系的多角度反射特性。

● MODIS—中分辨成像光谱辐射计,探测可见光和红外波段 36 个通道高光谱分辨率的辐射信息,进行大气、海洋和陆地等多方面的探测。

● MOPITT—对流层污染测量系统,利用红外波段测量大气中的 CO 和 $CH_4$ 的浓度。

表 1.12 给出了这些遥感探测器的综合功能。在上述 5 个遥感探测器中,MODIS 是全世界所有国家通过建立地面接收站,可以直接从卫星上接收、处理和提供应用、研究、服务的信息。为了让读者进一步了解这一仪器的详细特点,我们特意在表 1.13 中给出 MODIS 探测器的仪器特点和主要用途。

**表 1.12　EOS AM1 各类仪器的主要观测能力和观测内容**

| 学科 | 探测物理量内容 | EOS AM1 仪器 |
|---|---|---|
| 大气 | 云性质 | MODIS,MISR,ASTER |
| | 辐射能 | CERES,MODIS,MISR |
| | 降水 | |
| | 平流层化学 | MOPITT |
| | 对流层化学 | |
| | 气溶胶性质 | MISR,MODIS |
| | 大气温度 | MODIS |
| | 大气湿度 | MODIS |
| 陆地 | 陆地覆盖和土地应用变化 | MODIS,MISR,ASTER |
| | 植被 | MODIS,MISR,ASTER |
| | 地表温度 | MODIS, ASTER |
| | 火灾发生率 | MODIS, ASTER |
| | 火山效应 | MODIS, ASTER |
| | 地表湿度 | |
| 海洋 | 表面温度 | MODIS |
| | 浮游植物和可溶性有机物 | MODIS,MISR |
| | 表面风场 | |
| | 表面地形 | |
| 冰雪圈 | 陆地冰的变化 | ASTER |
| | 海冰 | MODIS, ASTER |
| | 雪覆盖 | MODIS, ASTER |
| 太阳辐射 | 太阳总辐射率 | CERES,MODIS,MISR |

**表 1.13　MODIS 仪器特性和主要用途**

| 通道 | 光谱范围 1～19 nm 通道,20～36 μm 通道 | 信噪比 NE△T | 主要用途 | 分辨率(m) |
|---|---|---|---|---|
| 1 | 620～670 | 128 | 陆地、云边界 | 250 |
| 2 | 841～876 | 201 | | 250 |
| 3 | 459～479 | 243 | | 500 |
| 4 | 545～565 | 228 | | 500 |
| 5 | 1230～1250 | 74 | 陆地、云特性 | 500 |
| 6 | 1628～1652 | 275 | | 500 |
| 7 | 2105～2135 | 110 | | 500 |
| 8 | 405～420 | 880 | | 1000 |
| 9 | 438～448 | 8380 | | 1000 |
| 10 | 483～493 | 802 | | 1000 |
| 11 | 526～536 | 754 | 海洋水色、 | 1000 |
| 12 | 546～556 | 750 | 浮游植物、 | 1000 |
| 13 | 662～672 | 910 | 生物地理、 | 1000 |
| 14 | 673～683 | 1087 | 化学 | 1000 |
| 15 | 743～753 | 586 | | 1000 |
| 16 | 862～877 | 516 | | 1000 |

续表

| 通道 | 光谱范围 1～19 nm 通道,20～36 μm 通道 | 信噪比 NE△T | 主要用途 | 分辨率(m) |
|---|---|---|---|---|
| 17 | 890～920 | 167 | 大气水汽 | 1000 |
| 18 | 931～941 | 57 | | 1000 |
| 19 | 915～965 | 250 | | 1000 |
| 20 | 3.660～3.840 | 0.05 | 地球表面和云顶温度 | 1000 |
| 21 | 3.929～3.989 | 2.00 | | 1000 |
| 22 | 3.929～3.989 | 0.07 | | 1000 |
| 23 | 4.020～4.080 | 0.07 | | 1000 |
| 24 | 4.433～4.498 | 0.25 | 大气温度 | 1000 |
| 25 | 4.482～4.549 | 0.25 | | 1000 |
| 26 | 1.360～1.390 | 1504 | 卷云、水汽 | 1000 |
| 27 | 6.535～6.895 | 0.25 | | 1000 |
| 28 | 7.175～7.475 | 0.25 | | 1000 |
| 29 | 8.400～8.700 | 0.05 | | 1000 |
| 30 | 9.580～9.880 | 0.25 | 臭氧 | 1000 |
| 31 | 10.780～11.280 | 0.05 | 地球表面和云顶温度 | 1000 |
| 32 | 11.770～12.270 | 0.05 | | 1000 |
| 33 | 13.185～13.485 | 0.25 | 云顶高度 | 1000 |
| 34 | 13.485～13.785 | 0.25 | | 1000 |
| 35 | 13.785～14.085 | 0.25 | | 1000 |
| 36 | 14.085～14.385 | 0.35 | | 1000 |

Terra 的主要科学目的是：

- 云和气溶胶在地球辐射收支中的作用
- 陆上能量、水体和碳的产生与吸收
- 陆上生态动力学及其与气候的关系
- 海面温度和海洋初级生产力
- 对流层 CO 和 $CH_4$ 的浓度
- 火山和地质

2002 年 5 月 4 日 EOS 的第二颗星，即 EOS-PM（命名为 Aqua）已发射升空。原则上讲，全球的用户均有可能直接接收利用 Aqua 卫星上携带的 5 个遥感探测器的所有资料。其中最具特色的是大气红外探测器(AIRS)，它由 2300 个通道组成，可以获取全球水平分辨率 13.5 km、垂直分辨率 1 km 的气温信息。

# 第二章
# 对地观测卫星对大气圈的监测

大气圈是全球变化中最活跃的部分，物理气候系统和生物化学循环系统中许多相互影响、作用和交换的过程都要通过大气圈来完成。如全球的能量循环和水循环、碳循环等均离不开这一圈层。因此，利用对地观测卫星监测大气要素（温、压、湿、风）的垂直分布及其时间演变、大气中一些温室气体的含量及其变化、对辐射具有显著作用的云和气溶胶的含量及其变化等是十分重要和有意义的工作。应该说，对地观测卫星从诞生到现在的40多年，地球科学和航天科技这两个领域的专家一直在致力于这一问题的解决，到目前为止已经取得了巨大的进展，得到了许多有价值的成果，但离问题的最终解决尚需时日。本章将对这方面的成就进行概要的介绍。

## 探测大气参数的垂直分布

### 卫星遥感大气温度湿度的原理

在地球大气的各种气体成分中，与电磁

辐射发生相互作用的主要气体是二氧化碳($CO_2$)、水汽和臭氧($O_3$)。图 2.1 给出了大气成分在 1.0 ～16 μm 波段范围内对电磁辐射的吸收带分布。大气所吸收的辐射能量的多少与大气中吸收气体的吸收特性和气体含量的多少有关。气体具有吸收某一光谱范围的辐射,同时又以本身状态发射同一光谱范围辐射的特性。所

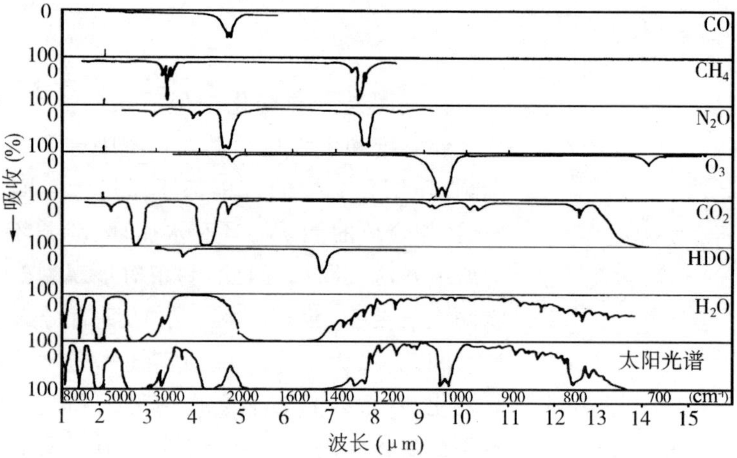


图 2.1　1.0～16 μm 波段中不同成分沿垂直大气路径的吸收

(引自王松皋等,1995)

以,在弱吸收光谱区,表面辐射被近地面层大气吸收,同时又从大气低层以自身温度发射同一波段的辐射到太空。在强吸收光谱区,当辐射通过大气时,表面辐射经过一个吸收和放射过程,到达太空的强吸收光谱区的辐射基本上来自于大气比较高的层次。在中等强度的吸收光谱区内,有效辐射层位于大气层的中间高度。因此,卫星在一个吸收带的中央(强吸收区)和两翼(相对弱的吸收区)选择若干个光谱带进行观测,就可以得到大气不同高度的热状态,进而得到大气温度的垂直分布。

为了更形象地说明这一问题,给出了泰罗斯(TIROS)垂直探测器在 $CO_2$ 15 μm 吸收带附近 7 个探测通道的权重函数(图

2.2)。图上的纵坐标是以气压为单位的高度坐标,横坐标则是权重函数。某一通道权重函数的峰值高度,表示 $CO_2$ 气体在该通道到达卫星探测器的辐射贡献最大的高度。7 个通道对应着 7 个有效

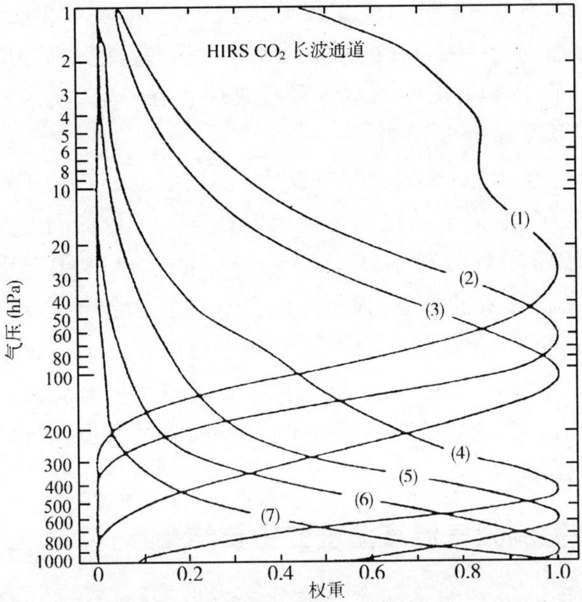


图 2.2　TIROS 垂直探测器 15 μm $CO_2$ 吸收带光谱通道权垂函数(TOVS)(引自许健民等,1994)

辐射层。通过统计或数学物理处理技术,原则上就可以探测到大气垂直气柱内 7 个不同高度处的温度。采用插值处理技术,可以得到一条大气温度廓线。这就是气象卫星利用 $CO_2$ 在红外波段 15 μm 的吸收特性,探测大气温度垂直分布的原理简述。探测大气湿度垂直分布的原理与此类似,但不同的是选择水汽在 6.7 μm 吸收带和 13.7 μm 的吸收带进行分光探测。

无论是 $CO_2$ 还是水汽,他们的主要吸收带均分布在电磁辐射的红外波段。云中的水滴或冰晶对红外波段的辐射具有很强的吸收能力(屏蔽作用),卫星仅能探测到无云区和云顶以上大气温度

的垂直分布。为了克服这一致命弱点,实现气象卫星的全天候探测,气象卫星设计者又选择了能够穿透云、本身又均匀分布的氧分子($O_2$)在 50～60 GHz 的 10 余个通道来探测大气温度。上一章介绍的 ATOVS,就是把 $CO_2$ 在红外波段 15 μm 和 4.3 μm 的吸收带,与 $O_2$ 在 50～60 GHz 的吸收带联合在一起,把 6.7 μm 的水汽吸收带和 183.3 GHz 的强水汽吸收带联合在一起,实现较好的全天候大气温度和湿度探测。

至今为止,利用气象卫星探测大气温、湿度分布的工作已经开展了近 30 年,取得了长足的进步。但存在一个致命问题是探测精度尚不够高,垂直分辨率低。2002 年发射的 EOS 第二颗星——Aqua 给我们带来了希望。该星上的大气红外探测器——AIRS,在可见光、近红外、中红外和长波红外光谱范围,分 2300 个波段进行探测,其水平分辨率为 13.5 km,垂直分辨率 1 km,反演温度的均方根误差有望达 1 K 左右。若如此,则可以满足数值天气预报和气候监测的要求。

## 卫星探测大气温度湿度的主要结果

卫星探测得到的不同大气成分吸收带不同通道的测值,要经过预处理和处理之后才能将探测的计数值转换为温度和湿度。其中的预处理由资料提取、地理定位、辐射定标和各种订正(如临边变暗订正、水汽订正和表面发射率订正等)组成。在反演处理中则包括初估场的获取,正演亮温误差的统计修正、反演通道的最佳选择、物理反演计算等几个步骤。对得到的不同高度反演温度进行真实性检验后,就得到了卫星遥感的大气温度垂直分布。

表 2.1 为国家卫星气象中心利用 NOAA 卫星的 TOVS 资料,在自己的业务运行系统内生成的温度、湿度产品的统计结果。其中的物理和统计是用两种不同的反演方法得到的结果,均方根误差(RSMD)是指反演结果与相近时刻、相邻地区的无线电探空资料比。此表说明,物理反演的结果比统计反演好。就物理反演而

言，在对流层内 RSMD 小于 2 K，在平流层内略大于 2 K。相对湿度的 RSMD 在 10%～30%之间，平均约 20%。

**表 2.1 准全天候条件下两个月反演结果与无线电探空的平均均方根偏差统计结果**

| 类别\气压(hPa) | | | 1000 | 850 | 700 | 500 | 400 | 300 | 250 | 200 | 150 | 70 | 100 | 50 | 平均 |
|---|---|---|---|---|---|---|---|---|---|---|---|---|---|---|---|
| 温度(K) | 物理 | 样本数 | 4462 | 23014 | 27145 | 29522 | 29242 | 28845 | 28341 | 27094 | 25042 | 27694 | 15778 | 15262 | 24283 |
| | | RMSD | 1.87 | 1.97 | 1.85 | 1.80 | 1.80 | 1.82 | 1.84 | 1.81 | 2.20 | 1.82 | 2.10 | 2.12 | 1.92 |
| | 回归 | 样本数 | 13005 | 18433 | 24886 | 25858 | 25544 | 25086 | 24110 | 22854 | 23034 | 21189 | 12572 | 12758 | 20762 |
| | | RMSD | 2.47 | 2.51 | 2.18 | 2.03 | 1.99 | 2.10 | 2.23 | 2.32 | 2.23 | 2.35 | 2.13 | 1.99 | 2.21 |
| 厚度(m) | 物理 | 样本数 | | 10645 | 26599 | 28446 | 29928 | 29614 | 29600 | 28888 | 27990 | 26415 | 16813 | 15992 | 24573 |
| | | RMSD | | 14 | 21 | 25 | 23 | 21 | 13 | 17 | 18 | 29 | 28 | 23 | 21 |
| | 回归 | 样本数 | | 12694 | 25284 | 27090 | 27221 | 26620 | 26752 | 26142 | 25261 | 23331 | 12983 | 12959 | 22394 |
| | | RMSD | | 20 | 22 | 23 | 18 | 21 | 16 | 21 | 24 | 33 | 28 | 22 | 23 |
| 相对湿度 | 物理 | 样本数 | 10974 | 20719 | 24353 | 29173 | 28744 | 25800 | | | | | | | 23299 |
| | | RMSD | 8.1 | 12.5 | 16.6 | 26.4 | 27.9 | 35.1 | | | | | | | 21.1 |
| | 回归 | 样本数 | 9218 | 11489 | 16037 | 17884 | 17439 | 14889 | | | | | | | 14494 |
| | | RMSD | 10.6 | 14.0 | 16.4 | 26.1 | 27.6 | 35.5 | | | | | | | 21.7 |

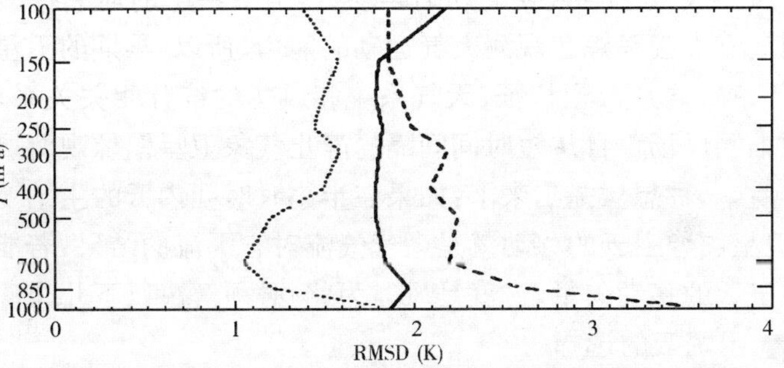


图 2.3 中国区域高分辨业务物理大气温度反演(ISPRM)结果与美国 NESDES 全球业务反演(MVSPRM)结果的比较(图上的实线是中国 1995 年在 10°～60°N 的结果，点线是 NESDIS 在 1994 年 30°～30°S 的结果，虚线是美国 1994 年在 30°～90°N 的结果)(董超华等，1999)

为了比较国家卫星气象中心业务系统的能力，特给出图 2.3。图上的 3 条线均是卫星反演结果与探空观测之间的均方根误差。实线是国家卫星气象中心利用同步物理反演法得到的东亚地区 1995 年 10°N～60°N 的平均结果。点线是美国环境卫星资料服务局(NESDIS)1994年在30°N～30°S海洋地区的平均结果。虚线是NESDIS1994年30°N～90°N的平均结果。综合分析表明，海洋区域卫星中心的结果差，陆地区域的结果略优于NESDIS，总起来看，二者大致相当。

目前，全球的所有与世界气象组织下属的全球通讯系统(GTS)相连接的国家，均可以得到由华盛顿发送的，NESDIS处理生成的全球卫星反演的各标准等压面上的温度场、湿度场和高度场。由于卫星遥感大气温、湿度的探测器正处于迅速发展阶段，相应的处理软件也必须跟着改变。因此，尚难以生成有代表性的全球大气温、湿度的多年平均气候产品。

## 卫星云迹风

风是大气中最重要的动力学参数，但卫星上的遥感探测器目前尚没有直接跟踪和观测大气运动的能力。所以，早期的卫星云图分析人员，均从云型特征、天气系统和风场的统计相关关系，来间接地推测风场。自从短时间间隔的静止气象卫星图像观测取得成功以后，一种想法提出来了：如果在半小时时间内云的生消变化不大，卫星图像上云的移动就是大气气流对它平流的结果，若能准确地求出云的移动矢量，这就是风。为此，必须解决以下几个问题。

- 示踪云的选择
- 云图的精确定位和图像配准
- 示踪云高度的确定

云是随着大气中的天气系统发生或消散的。通常我们在卫星云图上所看到的云移动，实际上由两部分组成：一是随着天气系统移动而伴随的云的生、消活动。其二则是云一生成后，受环境流场的作用而产生的平流运动。后者正是我们所说的风矢量，当然，它就是我们要选的示踪云。这是需要一套分析识别原则来确定的。

云图的精确定位是指在一幅卫星图像上，我们在确定任意像素的经、纬度时，考虑了由于卫星姿态、卫星轨道根数等因素引起的位置变化，使定位的准确度小于1个像元。这是一个很高的要求，但这也是必须达到的要求。我们可以粗略地估计，在目前运行的静止气象卫星中，1个红外像元是4 km，半小时4 km的定位误差就会导致2.2 $m \cdot s^{-1}$的测风误差。若定位误差是两个像元，则这一项带来的误差将是难以容忍的。

所谓图像匹配问题，就是用于计算风的连续两幅卫星图像的定位网格的一致性问题。如果卫星的轨道和姿态预报均已达到足够高的精度，则不存在这一问题。当卫星的轨道和姿态达不到要求，一些卫星业务运行中心的作法是采用精细的地标导航方法对每幅云图均作到精确的定位，则二者定位网格的一致性就会达到测风计算的要求。

示踪云高度的确定是一个重要而难度大的问题。由于大气中的风存在着显著的水平变化和垂直变化，尤其是在对流层顶附近，风的垂直切变可以达到每公里10～30 $m \cdot s^{-1}$，如果把10 km高度的云误定为11 km，则仅此一项带来的误差就不能承受。为此，国内外的卫星气象工作者进行了多方面的研究。我国专家提出了“用红外和水汽两个通道的卫星测值指定云迹风高度”的方法。其核心是利用不同云类在红外窗区和水汽吸收带的辐射特性的差异，通过其点聚图将低云区、半透明卷云区和密蔽的高云区区分开来。在低云区和密蔽高云区用红外窗区测值确定云高；在半透明的卷云区，用红外和水汽两个通道的测值确定云高，取得了较好的效果。为了增加示踪信号，尤其是无云的晴空区的示踪信号，近年来卫星气象工作者又发展了以水汽图像上的水汽块为示踪信号的水汽风处理方法，也取得了很好的效果。

上述云迹风制作过程的原理说明，由这一方法得到的风场资料在水平方向上是不均匀的，只有在有示踪云的地方才有风的信息；在垂直分布上更不均匀，它取决于示踪云的高度。相邻两块云得到的风场资料，其高度相差可以大到几公里。

云迹风的上述特点决定了它在洋面上空，特别是热带洋面上空，风的密度大，无其他测风资料，是重要而有用的风场信息。在中纬度，风的密度小，有探空资料可用，是有用的风场补充信息。

## 探测大气成分

大气成分中的温室气体，通过它的辐射效应改变着地气系统的辐射平衡和气候变化，使之成为全球变化研究中最受重视的部分之一。本节主要介绍利用对地观测卫星能有效监测的部分这类气体。如：臭氧、大气中的气溶胶。

### 用对地观测卫星监测臭氧($O_3$)

**监测臭氧的原理** 如果在人造地球卫星上安装一台光谱仪，通过测量某些特定谱线(即那种气体成分的吸收线)存在与否，来确定大气中是否存在着那种气体，是探测它的行之有效的方法。在大气温度廓线已知的情况下，通过测量吸收谱线的强度，还可以得到那种气体成分的浓度。臭氧的强吸收带主要位于波长短于 0.36 μm 的紫外波段、9～10 μm 的地球辐射的红外波段，此外，对 0.46～0.74 μm 的可见光波段也有吸收。

目前在对地观测卫星上广泛采用的探测器，如：TOVS 探测器上的 9.6 μm 探测通道，就是通过测量地面发射的电磁辐射在臭氧 9.6 μm 吸收带处被大气中臭氧吸收的状况来探测大气中臭氧的含量。同样，太阳后向紫外散射仪(SBUV)，是通过测量地表反射的大气后向散射的太阳紫外辐射量来反演大气臭氧的垂直分布。所不同的是 TOVS 选用红外吸收带，SBUV 则选用臭氧在紫外光谱内的吸收带。TOVS 测量的是地表辐射在红外波段被臭氧吸收的状况，SBUV 测量的是太阳辐射在紫外波段被臭氧吸收的状况。

专门用于测量臭氧含量的主要星载遥感探测器有两个。一个是 SBUV，另一个是臭氧总量制图光谱仪(TOMS)。就观测原理而论 SBUV 和 TOMS 是一样的，测量技术也类似。TOMS 是通过测量后向太阳紫外辐射中的4个光谱通道的辐射值(其波长分别为:312、317、331和339 nm),其中臭氧的最强吸收(312 nm)辐射和最弱吸收(331 nm)辐射的比值就可以反演出大气柱中臭氧的总量。在实际反演算式中用了3个通道来进一步订正地面反射率、波长漂移及大观测角臭氧垂直分布等因素的影响,从而提高利用探测结果反演臭氧总量的精度。经地面陶普生(Dobson)测量资料校正,除去系统偏差,TOMS对臭氧总量的反演精度可达5%以上。TOMS的扫描幅宽2300 km,地面分辨率50~100 km,每天可得到一幅全球的臭氧总量分布图。

SBUV与TOMS的不同之点是:SBUV是一个不扫描、仅对星下点进行观测的仪器,视场200 km;SBUV是一个具有12个波长的单色仪,除具有与TOMS相似的探测大气较低层臭氧的4个通道而外,还有位于更短波长范围(255~300 nm),吸收更强的8个光谱通道。吸收愈强的波段,太阳辐射从大气层顶向下渗透的距离愈短,即探测得到的是大气高层的臭氧。随着吸收能力的降低,太阳紫外辐射中相应波段的辐射就可从大气层顶向下渗透愈来愈深,也即探测得到的臭氧表示较低高度的值。例如:波长288 nm的紫外辐射可以穿透至38 km高度,而波长更短的255 nm的太阳紫外辐射则只能穿透至50 km高度处。换言之,这些波段的太阳紫外辐射已被相应高度以上的大气中的臭氧全部吸收完毕。在此高度以下的太阳紫外辐射中,已不存在该波长的辐射,当然,也就没有向太空的后向散射。与前面介绍的探测大气温度垂直分布的原理相似,SBUV各通道的权重函数的垂直分布说明,某一通道的紫外后向散射测值主要来自该通道权重函数的峰值高度,即此测值相当于对那个高度的臭氧的测量。

目前,利用SBUV反演大气臭氧垂直分布的算法多采用统计方法,即把大气分为12层,每层厚5 km,从平流层底开始,12个通道的每一个通道(从臭氧紫外吸收带的波长较长处开始),随着波长变短,分别对应由平流底向上每一个层次的臭氧含量。

**卫星监测臭氧的状况和结果** 雨云-4 号试验气象卫星上的紫外散射仪(SUV)是最早安装在气象卫星上测量臭氧的遥感探测器,它从 1970 年到 1977 年成功地获取了 7 年资料。SBUV 和 TOMS 则安装在雨云-7 号试验气象卫星上,1978 年一直工作到 1990 年。此后,改进的 SBUV/2 型仪器就安装在 NOAA-11 气象卫星上,从 1989 年一直运行到 1994 年。此外,NOAA 卫星上 TOVS 探测器中的高分辨红外光谱仪(HIRS)一直有探测臭氧的 9.6 $\mu$m 通道、具有连续地探测臭氧总量的能力。

20 世纪 80 年代中期,国家卫星气象中心已发展出了从 TOVS 探测资料中提取出大气臭氧总量的软件。图 2.4 是处理臭氧的信息流程图。预处理之后,通过对 HIRS 资料的处理得到臭氧的初始廓线,然而利用 9.6 $\mu$m 的辐射测值,对初始廓线进行调整,经过多次迭代,收敛之后得到臭氧总量分布,与地面两个臭氧观测站的实测资料比较表明,其平均绝对误差约 3%。

雨云-7 号卫星上的 TOMS 探测器共获得了 14 年的资料(1978 年 11 月～1993 年 5 月)。此后,该仪器相继搭载在 NOAA-11、Probe、Meteor-3 和 ADEOS 等卫星平台上。因此,1978 年至今这一类资料是连续的。彩图 1 是由雨云气象卫星观测得到的南极臭氧洞。在所有上述探测资料中,TOMS 的反演精度优于 5%、SBUV 的偏差通常小于 10%。对这些资料的分析表明,全球臭氧总量在不同时间尺度上(季、年、准 2 年、11 年等)都存在着变化趋势,这些资料也帮助我们分析了南极臭氧洞的演变,为科学地研究臭氧层的演变,尤其是它的损耗状况及其对地球表面人类健康的影响提供了基本信息。

## 监测大气气溶胶

气溶胶是大气中十分重要的成分,在很多生物地球化学循环中具有重要作用。它的光学厚度分布直接影响着地气系统的辐射收支;它的粒径和性质与成云的效率和大气水循环直接相关;大颗

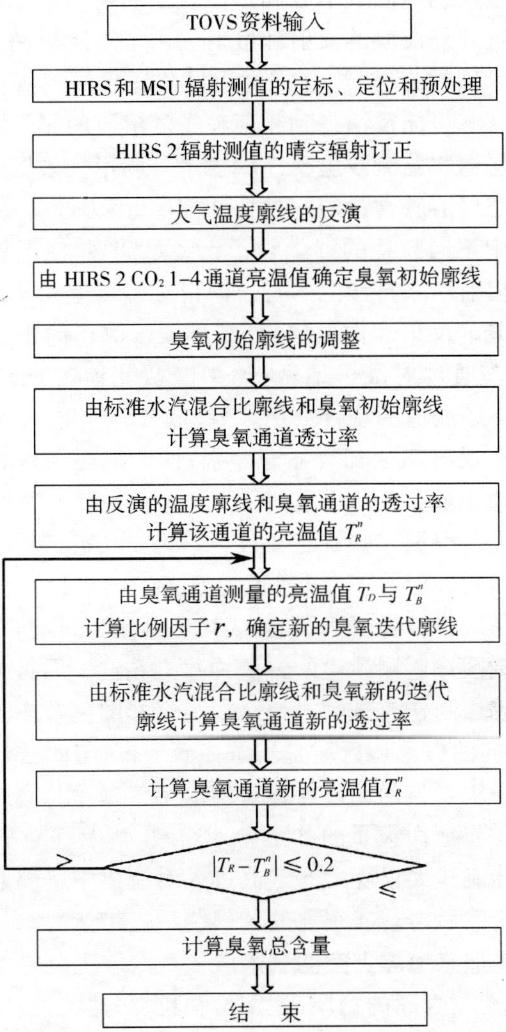


图 2.4　计算臭氧总含量的流程图

粒气溶胶则是衡量空气质量，关系人类健康的重要因素，极端情况下沙尘或沙尘暴爆发则会对人类活动带来多方面影响。

卫星遥感监测气溶胶和沙尘粒子的基本原理是它们对太阳可见光和近红外波段的反射和散射。由于不同粒径大小的气溶胶粒子的光学特性有差异,这样利用星载遥感探测器得到的不同波段的辐射就有可能反演得到相应粒子气溶胶的光学厚度。

**卫星遥感监测沙尘暴**　沙尘暴是利用气象卫星能有效监测的陆地上空气溶胶含量的一种特殊情况。因为沙尘暴爆发之后,悬浮在大气中不同粒径的沙尘粒子已经足够多,使卫星遥感探测器监测到的辐射均来自沙尘本身。即可见光和近红外通道测得的沙尘对太阳光的反射和散射辐射,红外波段测得的则是沙尘项部的发射辐射。通过对某一地区(如中国西北地区)云、沙尘和地表在AVHRR 各通道的统计分析,一些低云与沙尘顶部的亮温很相近,但二者在反射率上却有显著差别;西北地区裸露的地表与沙尘在可见光通道的反射率上很相近,但二者在红外通道和亮温上又有明显差别。根据这些特点,可以对可见光、近红外和红外通道进行单通道增强,然后进行三通道的 R、G、B 合成,在合成的图像上可以很容易地将沙尘、低云和地表区分开来。目前,广泛采用的利用遥感卫星图像监测沙尘的方法均建立在这一思路之上。彩图 2 就是按此方法制作出来的一幅 3 通道真彩图色合成图。图上呈东北-西南走向的白色调区域是一条锋面云带,与此云带相对应的冷锋伴随着一次以强西北风为标致的冷空气爆发。由此而诱发的一次强沙尘暴将地面大量的沙土卷入空中,其中直径小于 20 $\mu$m 的沙尘通过湍流和大尺度上升气流进入对流层中下部形成一条从西北伸向东南然后再转向东北的黄褐色沙尘带。

**卫星遥感海洋上空的气溶胶**　气溶胶主要是由两种过程产生的。一是地球表面的物质(如土壤颗粒、海盐粒子、生物燃烧后的微粒和工业的废弃尘粒等)通过物理和化学过程进入、并分布于大气中;二是大气中的化学反应,凝聚等过程形成的粒子。这些粒子的直径在 $10^{-2}\sim10^{0}$ $\mu$m 之间,卫星可见光通道探测得到的气溶胶粒子对可见光的多次散射辐射值是卫星遥感气溶胶的基础。但是,其散射值的大小与粒子的大小、粒子浓度和谱分布有关。下垫面的反射辐射有一部分可以透过气溶胶到达外空。因此，在晴空大气条件下，卫星上探测到的可见光辐射由下垫面反射的太阳辐射透过气溶胶部分与气溶胶多次散射返回太空的部分组成。这样，卫星遥感气溶胶的难度要比监测沙尘暴和沙尘的难度大得多。因为，首先必须从卫星遥感的可见光辐射值中区分出哪些来自下垫面反射，多少是气溶胶的多次散射值。

为什么在利用卫星遥感手段监测气溶胶的工作中首先得到解决的是海洋上空的气溶胶遥感，就是因为海洋表面的反射率小于10%，且海表十分均匀。这样带来了基本不需要扣除下垫面背景辐射的影响问题，即海洋上空卫星遥感的可见光辐射值就是大气中气溶胶的多次散射辐射值。

海洋上空遥感气溶胶常用方法是查找表法。依据 MODIS 或 AVHRR 的观测光谱通道，利用包含有大气分子和气溶胶粒子多次散射、地表对阳光反射的角分布和光偏振的辐射传输模式，针对11 种气溶胶模式，计算在 15 个天顶观测角(即在天顶角 115°～88°的范围内，每间隔 6°取一个计算角)，15 个方位角(即在 0°～180°的方位角范围内，每 12°取一个计算角)和在 7 个太阳入射角情况下散射回太空的相应光谱通道的辐射值。将这些计算结果列成表。一旦得到海洋上空晴空区的遥感通道辐射值。通过查找表就可以得到大气中气溶胶的光学厚度和粒子大小的谱分布等参数。彩图 4 是利用 MODIS 卫星的可见光和近红外通道反演得到的大西洋上空不同气溶胶粒子的光学厚度。

**卫星遥感陆地上空的气溶胶**　前面已经交待，陆地上空遥感气溶胶的最大困难是地表反射辐射的扣除问题。为了解决这一问题，MODIS 在可见光和近红外有 7 个探测通道，其光谱分辨率在20～50 nm 之间。尽管在整个可见光波段地表是一个亮背景，难以扣除，但其中的某些窄波段，如覆盖植被和裸土的地表在红光(0.62～0.67 μm)和蓝光(0.46～0.48 μm) 波段的反射率低，表现为暗背景。MODIS 的第一、三通道的光谱范围分别是 0.60～0.68 μm 和 0.40～0.48 μm，正好是暗背景。另一方面，气溶胶对空间观测辐射的影响随波长按 $\lambda^{-1}$到 $\lambda^{-2}$的比例递减，到中红外波段气溶胶对观测辐射的影响要比可见光波段小得多。因此，通过比较中红外波段与蓝光和红外波段的反射率就可以确定是否有暗背景存在。然后，利用暗背景通道在陆地晴空区的卫星遥感辐射测值，作为陆地上空估算气溶胶光学厚度的主要依据。在暗背景情况下，反演陆地上空气溶胶的步骤大致可以概括如下：

● 利用中红外通道遥感得到的反射率(2.1 μm 和 3. 8 μm，相当于第 7 和 20 通道，确定在蓝光(0.47 μm)和红光(0.66 μm)通道是否存在暗背景像元；

● 利用中红外通道的观测值估算暗像元在红光和蓝光通道的反射率；

● 利用全球气溶胶分布数据库，确定气溶胶类型，及其在红光和蓝光通道路径辐射之比值；

● 利用由地基遥感和地面观测的气溶胶谱分布及相关信息，得到描述气溶胶谱分布，折射指数、单次散射反照率等的动态气溶胶模型；

● 利用由动态气溶胶模型计算出来的查找表，根据卫星观测的辐射得到气溶胶的光学厚度、体积浓度和谱分布。

下面着重介绍针对 EOS-MODIS 辐射仪提出的用于全球陆地上空气溶胶遥感的方法。用 MODIS 的 36 个光谱通道中用于气溶胶遥感的通道是分辨率为 250 m 的 0.66 μm 通道(红光)和分辨率为 500 m 的 0.47 μm 通道(蓝光)和 2.1 μm 通道和分辨率为 1 km 的 3.8 μm 通道。此外，还要应用 11 μm 的红外窗区通道来订正 3.8 μm 通道的地表辐射。此外，还要利用 1 μm 的水汽通道订正大气可降水总量，9.6 μm 通道订正臭氧总量。通过云检测，确定出晴空像元之后，求取全球气溶胶光学厚度，质量浓度和辐射强迫分布，可概括如下：

第一步,选取暗背景像元,确定其地表反射率

利用 2.1 μm 通道的反射率,以及它与蓝光、红光的地表反射率的经验关系,可以较精确地得出地表反射率。

第二步,初步估计光学厚度

利用全球大陆及气溶胶模式和卫星测得的红光通道和蓝光通道表观反照率,推算气溶胶的光学厚度。

第三步,确定气溶胶模式

利用第二步得到的气溶胶光学厚度,确定气溶胶模式和在蓝光、红光通道气溶胶的单次散射的路径之比。利用此比值可以区分出沙尘气溶胶模式和非沙尘气溶胶模式。

第四步,重新计算气溶胶的光学厚度

根据气溶胶模式订正红光和蓝光的光学厚度。利用大陆模式气溶胶等新模式气溶胶的转换关系,得到重新计算的气溶胶光学厚度。

第五步,次网格计算

以上计算的气溶胶的分辨率是 10 km×10 km。对于空间变化剧烈的气溶胶就显得不够。为此,首先利用 10 km×10 km 气溶胶的光学厚度和标准差来确定是否需要订正,如对标准差与光学厚度之比大于 0.5,则气溶胶的空间变化剧烈,需要订正。然后,将网格分成 5 km×5 km,重新计算。

以上介绍的海洋上空气溶胶遥感算法和陆地上空的气溶胶遥感算法的产品均与地面太阳分光光度计的观测进行了对比分析,有一定的准确率,取得了可初步应用的成果。但离问题的完全解决还有相当长的距离。其中有遥感通道的光谱分辨率和精度问题,有计算中所使用的辐射传输模式问题,还有气溶胶模型的代表性和完善程度等问题。

为了弄清高空气溶胶状况,美国 1979 年 2 月发射了平流层气溶胶和气体实验卫星(SAGE),卫星通过日出和日落时在 4 个波长(0.38、0.45、0.6 和 1.0 μm)测量太阳辐射透过地球大气时的衰减系数来探测气溶胶,该卫星提供了全球的气溶胶分布资料。

# 国际卫星云气候计划(ISCCP)

国际卫星云气候计划(International Satellite Cloud Climate Project,ISCCP)是一个将卫星遥感资料用于云参数计算,并将计算结果广泛应用于气候分析和研究、进行气候诊断和模式应用的全球性的气候研究计划。它是一个由美国NASA牵头组织的,各国自愿参加并在其中做出贡献,将收集数据和计算成果及时共享的全球性的研究计划。到目前为止ISCCP已完成了1983～2000年的云气候参数计算,2001年以后该计划将继续执行。

## ISCCP的创立及研究机构

ISCCP创建于1982年,是世界气候研究计划(WCRP)的重要组成部分,是一个统一的、全球性的、极具规模的研究计划。参加的国家和组织包括欧洲空间管理局(ESA)、欧洲气象卫星组织(EUMETSAT)、日本气象厅(JMA)、加拿大大气环境局(AES)、科罗拉多州立大学、威斯康星大学、美国国家海洋大气局(NOAA)、法国气象局、美国国家航空和航天局(NASA)和中国气象局国家卫星气象中心等。最初的资料处理是由8个机构完成,即区域处理中心(SPC)、全球处理中心(GPC),卫星数据定标中心(SCC)、典型区域处理中心(SAPS)、ISCCP数据存档中心(ICA)。通过国际合作ISCCP已建立了5个资料收集中心,1个数据定标中心,1个全球资料处理和存档中心。不同国家的资料处理中心负责收集6颗地球静止气象卫星和两颗极轨气象卫星数据;法国的数据定标中心负责卫星数据的标定;设在美国的典型区域处理中心负责数据处理和云参数生成;美国NOAA的全球资料处理和存档中心负责计算结果的存档。

## ISCCP 的科学目的

该计划的主要目的和研究内容可概括为以下 3 点：

（1）利用静止和极轨气象卫星资料，计算获取全球、低分辨率、经过定标和标准化处理的可见光和红外波段辐射数据，以此作为基本信息用于云参数反演；

（2）利用可见光和红外波段辐射数据计算反演全球云分布，包括云量、云顶温度、云光学厚度等，分析云的性质及其日、月、季和年际变化；

（3）利用反演得到全球云分布和特征信息分析、模拟云在气候变化中的作用；研究云对辐射平衡和水循环的影响；研究云、辐射对气候的影响。

ISCCP 的最终产品为全球范围，280 km 分辨率，等面积格点，每日 3 小时一次和月平均云气候参数。

## ISCCP 的数据处理

自 1982 年开始，NASA 组织各国科学家，利用相同的卫星数据对国际上流行的卫星遥感云判识方法进行详细认真的计算实验和对比分析。确定了利用静止和极轨气象卫星进行云参数计算的方法，包括卫星数据的获取、标定、云检测、云分类、云顶高度确定等计算模式。ISCCP 资料收集开始于 1983 年 7 月 1 日，各国数据收集中心(SPC)收集卫星探测的原始图像资料(称为 A 资料)，并进行初步处理，清除重复像元，形成 10 km 分辨率、3 小时一次的图像数据(称为 B1 资料)。B1 数据被送往 GPC 做进一步处理，并在 ICA 存档。另外，SPC 还收集高分辨率的区域探测数据(即 AC 资料)，将其传送给数据定标中心，进行卫星数据的标定，生成标准化的定标系数(BC 资料)，提供给数据处理中心，用于云参数处理。同时 SPC 还收集计算 B2 资料送往数据处理中心。其分辨率为 30 km。数据处理中心将收集到的卫星探测数据加工成空间分辨率为

30 km、时间分辨率 3 小时的辐射数据(即 B3 资料),并按研究确定的云参数处理方法,在 B3 数据的基础上,处理生成描述云特征信息的云参数(称为 C 资料)。最终将所有数据送往 ICA 数据存档中心。图 2.5 对以上所述 ISCCP 数据处理阶段作了更加形象的说明。

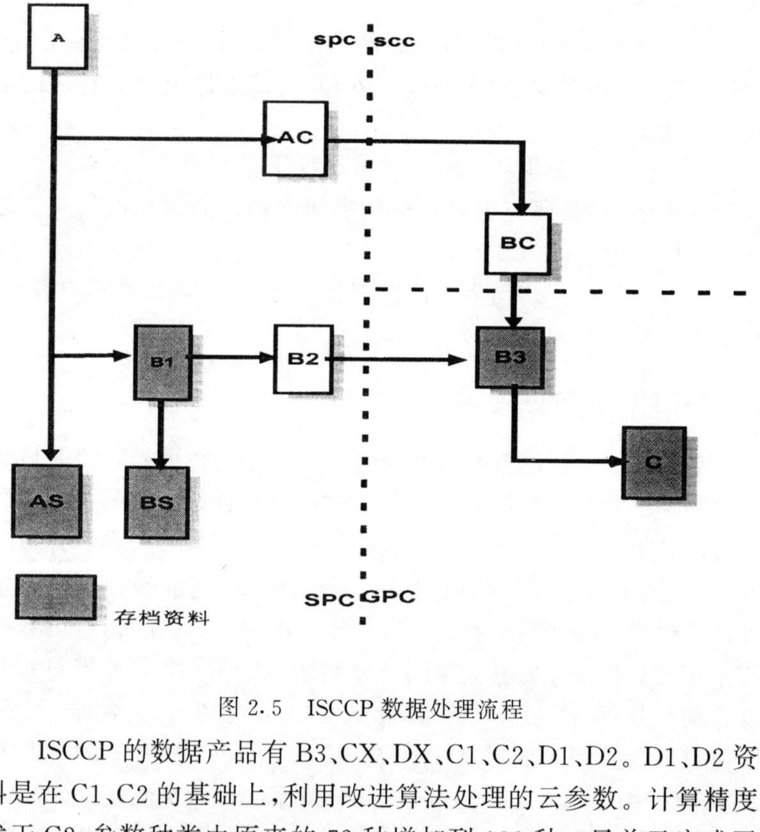


图 2.5　ISCCP 数据处理流程

ISCCP 的数据产品有 B3、CX、DX、C1、C2、D1、D2。D1、D2 资料是在 C1、C2 的基础上,利用改进算法处理的云参数。计算精度优于 C2,参数种类由原来的 72 种增加到 132 种。目前已完成了 1983 年 7 月～2000 年 12 月 3 小时一次的月平均云气候资料,它由 4 颗地球同步卫星和至少 1 颗太阳同步卫星获取的辐射测量值,经过云识别、辐射分析和统计处理生成,其算法较 C1、C2 有较大改进，分辨率为2.5°×2.5°。

## ISCCP产品介绍

云参数包括总云量(月平均云量，云出现频数)、分层云量、总云量的平均特性(云顶气压、云顶温度、云光学厚度、云水路径等)、各种类型的云的特性以及相关的地表平均特征参数(地表温度、地表发射率、雪冰覆盖率)等共132种。表2.2给出了ISCCP处理过程中，各部分数据的详细说明。

**表2.2　ISCCP各类数据说明**

| 数据产品 | 分辨率 | 容量 | 内容 |
|---|---|---|---|
| B3 | 分辨率30 km，3小时一次的单个卫星数据 | 1.1 G/月 | 经过定标和导航定位的辐射数据 |
| CX | 分辨率30 km，3小时一次的单个卫星数据 | 3.4 G/月 | 定标后的辐射率，云检测结果、分析得到的云和地表特征 |
| DX | 分辨率30 km，3小时一次的单个卫星数据 | 5 G/月 | 同CX(算法有所改进) |
| C1 | 280 km等面积格点，3小时一次全球数据 | 216 M/月 | CX参量的空间平均和统计，附加TOVS的大气和地表特征数据 |
| D1 | 280 km等面积格点，3小时一次全球数据 | 320 M/月 | DX参量的空间平均和统计，包括云特性和TOVS大气、地表特征数据 |
| C2 | 280 km等面积格点，8个时次的月平均数据 | 4 M/月 | C1参量的月平均，包括总云量、云特性和云类型 |
| D2 | 280 km等面积格点，8个时次的月平均数据 | 7.5 M/月 | D1参量的月平均，包括总云量、云特性和云类型 |

## ISCCP数据的应用

云是重要的气象和气候要素之一，直接影响着地气系统的辐射和热量平衡。一方面，云层将改变地-气系统对太阳短波辐射的反射，称为云的反射效应(阳伞效应)，增加行星反射率，减少大气和地球表面所吸收的太阳短波辐射。云层起着降低地-气系统温度的作用。另一方面，云层会强烈地吸收来自其下层大气和地面的长波辐射，虽然云也发射长波辐射，但由于云层的平均温度低于地面，其结果是使大气层顶的射出长波辐射减少。通过对长波辐射的影响，云层有同温室气体相同的增温作用，使地气系统加热，称为云的温室效应。云层对太阳辐射的反射以及对长波辐射的吸收，都同云的高度、厚度、含水量和云的结构密切相关，而且这些物理量的空间和时间变化都很大，还受到各种大气物理、大气化学和大气环流的制约。另外，云在形成过程中凝结潜热的释放构成大气热源，反过来又影响云的形成、发展和消散，从而影响地气系统的水分循环。因此，大气中的云层在地-气系统的辐射过程中有着极为重要的作用。云-辐射-气候的相互作用始终是科学家努力研究的复杂问题。ISCCP 为云-辐射-气候相互作用的研究提供了基础数据。

(1)我国云量的气候特征分析

1988 年，当 ISCCP 第一个云系列产品(包括云量、云顶温度、云顶气压、云光学厚度等)提供使用后，就开始了云与气候的相互影响研究。在统计云量的变化，分析云的辐射和反馈效应，开展云参数在模式中应用等方面开展了大量的应用研究。例如，利用聚类方法分析中国区域的云气候特征发现，受冬、夏季风的影响，中国地区冬季和夏季的云量分布完全不同。我国总云量南方多于北方，东部地区多于西部地区；冬季我国南方地区云量明显多于北方，夏季印度季风爆发为我国带来充沛的水汽。

利用 ISCCP 资料统计的我国年平均总云量分布图明显地反映了我国的气候特征(彩图 3)。全年平均总云量基本由南向北逐渐减少，川黔地区为全国云量最多中心，云量在 80%以上，青藏高原的一江两河地区(雅鲁藏布江、年楚河、拉萨河)也有一个多云中心，云量在 70%以上，长江以南总云量都在 60%以上，而东北平原、西北、华北平原北部、内蒙古以及青藏高原西部和北部总云量较少，都在 60%以下，内蒙古西部、阿拉善高原和青藏高原西南部总云量都在 54%以下，是全国云量最少的地区；在新疆天山山脉以北总云量较多，大约在 60%左右。分析结果展示了我国内蒙古西部、华北大部和青藏高原西部地区少云和干旱的气候特征。

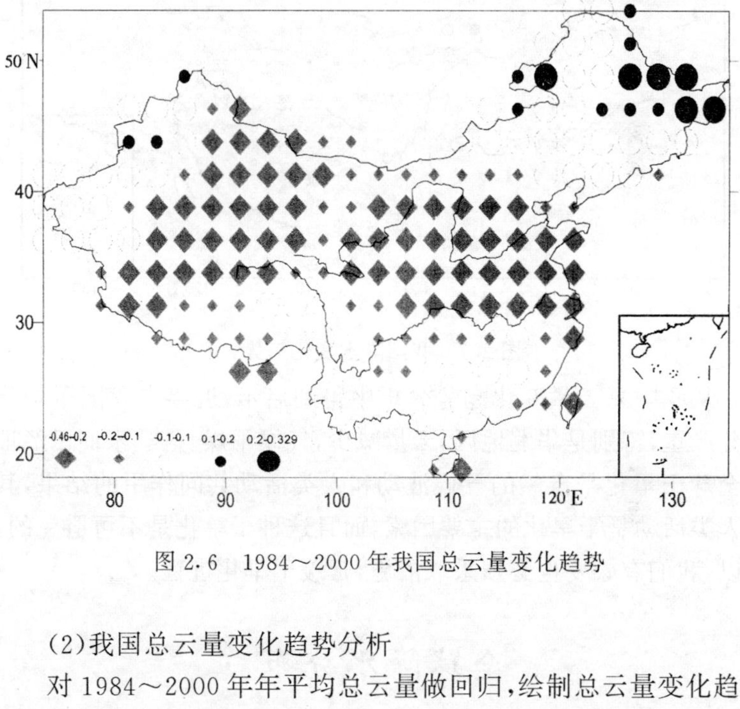


图 2.6　1984～2000 年我国总云量变化趋势

(2)我国总云量变化趋势分析

对 1984～2000 年年平均总云量做回归，绘制总云量变化趋势如图 2.6 所示。将变化在(－1%，1%)之间视为总云量基本不变。可以看出，1984～2000 年，除东北的呼伦湖、贝尔湖、嫩江、黑龙江、小兴安岭、乌苏里江以及新疆天山一带总云量有所增加外，其他地区基本上表现为减少或不变。其中华北、青藏高原北部以及新疆东部减少幅度较大。江南、藏南以及青藏高原西北角邻帕米尔高原的地区总云量基本不变。总云量变化趋势分析与我国降水变化趋势分析结果(图 2.7)有很多相似之处。

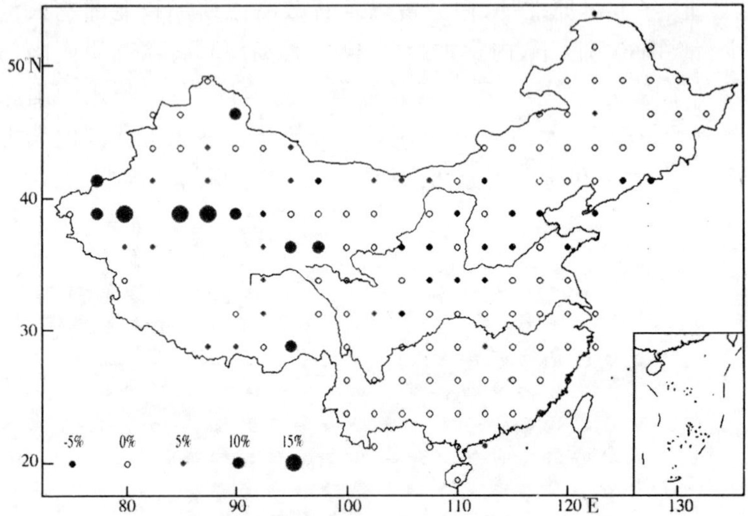


图 2.7　我国降水变化趋势

从我国总云量变化趋势分析中得到启示,近年来我国干旱化十分严重,特别是华北地区,云量减少,气候干燥。科学家们已经证实全球干旱化是自然的气候波动和人类活动共同作用的结果,其中人类活动是干旱化的主要因素,而且这种干旱化是不可避免的,所以,我们有必要也必须采取措施,延缓干旱化进程。

## 全球降水分布

水是全球变化研究中最重要的参数之一,是全球水循环、能量循环中最活跃的参数。水是人类赖以生存的最重要条件之一,极大地制约着一个国家、地区的可持续发展。但是全球70%以上的表面被水体覆盖,靠在地面建立降水观测站,积累观测资料的办法是没法解决这一问题的。为此,要弄清全球的水循环,首先就应解决全球范围的降水资料采集,这一任务只有靠对地观测卫星来实现。

正因为如此，当上世纪60年代，第一代业务气象卫星投入应用以来，卫星气象工作者就在探索利用气象卫星遥感降水的方法。通过40多年的努力，在利用卫星遥感技术监测降水的方法上和星上遥感探测器监测降水的功能上均取得了长足的进步，使卫星监测降水的结果已经在业务应用和服务、全球变化研究等方面发挥着重要的作用。

## 应用卫星可见光和红外资料估计降水

卫星的可见光和红外窗区波段可以遥感到云的覆盖范围、云顶在可见光通道的反射率和在红外波段的发射辐射，由此可以得到云顶的亮度温度，配合探空资料还可以知道云顶高度。尽管卫星探测得到的是云，而不是降水。但云是产生降水的母体，有云才可能有降水，尤其是卫星遥感的云的反射率、亮温和云顶高度等参数均与降水是否发生和降水强度有多大等降水参数密切相关。本小结的任务就是介绍基于这些卫星遥感信息发展起来的降水估计方法。

(1)云指数方法　这是一个区域降水估计方法。选定一个降水估计区，识别出这个区内积雨云、雨层云和浓积云区，然后计算每种云类的覆盖率，乘以加权因子，然后相加，就得到这个区域的24小时累计区域降水估计值。其中的加权因子分别是：积雨云1.0，雨层云0.25，浓积云0.02。

类似的方法还有一些，其核心是区分一个区域的云类和所占的百分率。差别在于云类的划分和所给出的加权因子的大小。

(2)云生命史法　这种方法的特点是利用短时间间隔的静止卫星图像，可以很好地监测到对流云团的发展和演变，把这些特征纳入估计方法之中。同样，云生命史方法也有好几种，下面介绍美国NESDIS的方法，并以此为代表。

整个方法由三步组成：

第一步，识别对流系统中有强上升运动和强降水的活跃部分的云区。其中以云区中是否存在云顶亮温低云－32℃的区域为定量判据。

第二步，用5个因子计算对流活跃部分每半小时的降雨率。

这5个因子分别是：云顶温度和云增长因子（表征高空辐散）、穿透性对流云顶因子（表征对流十分旺盛、已穿过对流层顶）、雷暴云团或对流云线合并因子、饱和环境因子和温度订正因子。

第三步，计算最终降水估计值。

将第一至第四个因子估计的降水相加再乘以以湿度订正因子。

图2.8是这一降水估计方法的流程图。它可以把云顶温度处理、判识和计算机识别结合起来，形成一个输入半小时间间隔云图、300 hPa分析场之后，由计算机软件完成的客观、自动的对流性降水估计系统。

实际检验表明，对不太强的降水过程（≤99 mm），常常出现估计值偏大；对降水量大的情况，又常出现估计值偏低。降水估计的平均误差大约是30%，绝对误差和相对误差均随着过程的降水量增大而增加。

## 应用卫星微波资料估计降水

利用大气在微波波段的窗区，通过遥感无降水云和降水云在微波窗区通道的亮温差异来估测降水，是十分有前景的被动微波遥感技术的用途之一。在海洋上空，微波观测得到的无降水云区的亮温相对较低，而降雨云中的亮温都相对较高，相差可以在50 K以上。这种降水云和不降水云的强烈亮温对比，成为微波遥感降水的技术基础。

在陆地上空，由于地表的发射率高，来自地表的背景微波辐射常常模糊降水云和非降水云在微波亮温上的差异。为此必须利用多个微波频段的观测，利用地表（如：干燥的土壤、植被、开阔水面、融雪、湖冰等）的比辐射率随频率而增加，而降水单体和亮温却随着频率的增大而减小这一对相反的变化，通过测量两个窗区频率

第一个因子　云顶温度和云增长因子（红外云图上），
该因子确定半小时中最冷云顶的增加量

| | ＞2/3纬度 | ＞1/3纬度≤2/3纬度 | ≤1/3纬度或不变 | 暗影区减小或从白色增暖到重复灰变暖 | 最冷的顶或更多的暗影变得更暖 |
|---|---|---|---|---|---|
| 中灰（-32~-41℃） | 0.25 | 0.15 | 0.10 | 0.05 | T |
| 浅灰（-41~-52℃） | 0.50 | 0.30 | 0.15 | 0.10 | ↓ |
| 深灰（-52~-58℃） | 0.75 | 0.40 | 0.20 | 0.15 | ↓ |
| 黑（-58~-62℃） | 1.0 | 0.60 | 0.30 | 0.20 | ↓ |
| 重复灰*（-62~-80℃） | 1~2.00 | 0.60~1.00 | 0.30~0.60 | 0.30 | ↓ |
| 白（＜-80℃） | 2.00 | 1.00 | 0.60 | 0.40 | 0.10 |

* 对更冷的重复灰暗影，应当给出更高的降估计

或者

上部辐散因子*（约外云团和 200hPa 分析）

| 中灰 | 浅灰 | 深灰 | 黑 | 重复灰 | 白 |
|---|---|---|---|---|---|
| 0.15 | 0.30 | 0.40 | 0.50 | 0.60~1.00 | 1.00 |

* 红外云图上，雷暴砧边缘沿着上风尾部形成一个 50～90° 的大角插入到风中；200hPa 的分析常常表现为这些风暴恰好位于下风方极锋急流和副热带急流的分离处。

↓

第二个因子　上冲云顶因子（可见光和红外云图）
对上冲云顶增加以下降水量*：

| 中灰 | 浅灰 | 深灰 | 黑 | 重复灰 | 白 |
|---|---|---|---|---|---|
| 0.05 | 0.45 | 0.40 | 0.30 | 0.30 | 0.30 |

↓

第三个因子　雷暴或对流云线合并因子（红外和可见光云图）对合并区中的较冷云顶

↓

第四个因子　饱和环境因子（（红外和可见光云图）对一给定时段中较冷的饱和云顶增加以下降水量：

中灰　浅灰　深灰　黑　重复灰　白

↓

第五个因子孙　湿度订正因子=地面至 500hPa 的可降水与相对湿度之积

↓

第三步：上述第一至四因子之和乘以第五个湿度订正因子

↓

半中时对流降水总估计量（单位：英寸）=[（云顶温度和云增长因子或上部辐射因子）[1]+上冲云顶因子[2]+合并因子[3]+饱和环境因子[4]]×湿度订正因子[5]

↓

结　束

图 2.8　NESDIS 发展的对流性降水估计流程

的亮温差就可以把降水云和非降水云区分开来。实践中常常利用 18 GHz 和 37 GHz 之间的亮温差与相应的每小时实测降水量求相关，得到有用的结果。

同样，微波的极化信息，如水平极化和垂直极化也可用于区分降水云和不同的表面特征。尤其是垂直和水平亮温的加权，用处更为明显。

除了利用被动微波遥感技术获取降水信息而外，主动空基微波遥感降水也得到了巨大的发展，获得了十分显著的成就。1997 年 11 月美、日合作发射的热带降水测量卫星（TRMM）就是一个例子。TRMM 卫星的轨道高度约 380 km，，倾角 35°，星载有 5 种遥感探测器，其核心就是把一部日本研制的测雨雷达放在了该卫星上。此雷达采用相控阵方式，天线孔径 2.1×2.1 m，发射频率 13.8 GHz，地表分辨率约 4.3 km，观测幅宽 215 km。TRMM 卫星的目的是观测和研究热带降水的日变化。已经取得的许多资料表明，它对研究热带气旋、热带云团的降水云分布，对流云带的组成十分有用。由此卫星得到的热带洋面上的降水云带分布、降水量等均是前所未有的。

# 第三章

# 对地观测卫星对水圈的监测

## 监测海面温度

海洋是全球气候系统的组成部分，是调节和制约气候异常的重要因素。地球表面约71％为海洋所覆盖，全球海洋吸收的太阳辐射量约占进入地球大气的总太阳辐射量的70％左右，绝大部分被储存在海洋表层。这些被储存的能量将以潜热、长波辐射和感热交换的形式输送给大气，驱动大气运动。由此可见，海洋在全球变化中的重要作用，海洋热状况的变化将对大气运动的能量发生重要影响，从而引起全球气候和环境的变化。因此，监测海洋表面热状况的变化，对了解大气运动的源和汇尤为重要。

海面温度是反映海洋表面热状况的重要参数，其观测手段除了海上浮标和船只外，最有效的补充观测手段就是卫星遥感。自从气象卫星问世后，人们就开始研究利用气象卫星资料计算海洋表面温度的理论和方法。随着人们认识的提高和卫星探测技术（例如仪器的光谱分辨率、探测的空间分辨率，数据定标和定位精度，仪器探测灵敏度等）的发展，卫星遥感海面温度的理论和计算方法经历了一个从简单到复杂，从低级到高级的发展阶段。卫星遥感海面温度的反演精度也随之不断提高。1978年美国海洋大气局（NOAA）第三代极轨业务环境卫星系列——TIROS-N 发射成功后，星上携带的改进的甚高分辨率扫描辐射计（AVHRR）拥有2或3个红外通道（即：3.55～3.93 μm、10.5～11.5 μm 和 11.5～12.5 μm），实时探测数据的星下点分辨率为1.1 km，并具有全球4 km（星下点）分辨率的探测能力。TIROS-N 系列卫星的发射，促进了多窗区通道海面温度反演方法的实现，使卫星遥感海面温度的反演精度和覆盖度都有了明显的提高。

## 计算原理

海温探测的基本定律是 Planck 定律。1901年 Planck 得出黑体辐射定律 $B(\lambda, m)$ 的公式为：

$$B_{(\lambda,T)} = \frac{2hC}{\lambda^3}\frac{1}{\exp[hC/(\kappa T\lambda)]-1}10^{-6}\ \mathrm{W}\cdot\mathrm{m}^{-2}\cdot\lambda\cdot\mathrm{m}^{-1} \tag{3.1}$$

式中 $\lambda$ 为波长；$h$ 为普郎克常数；$C$ 为光速；$T$ 为温度；$\kappa$ 为波尔兹曼常数。实际海面不是完全黑体，其辐射率与黑体辐射率之比称为比辐射率 $\varepsilon(\lambda)$：

$$\varepsilon(\lambda) = \frac{B(\lambda,T)\ \text{灰体}}{B(\lambda,T)\ \text{黑体}} \tag{3.2}$$

$$\varepsilon(\lambda) = 0.98$$

对于黑体，实际温度 $T$ 等于亮度温度 $T_B$；对于灰体，$T_B=\varepsilon(\lambda)T$。

在海面温度反演中，为了计算方便，对于红外窗区通道，通常假定大气是无散射介质，并假定海面为黑体。海面的比辐射率 $\varepsilon$ 取为1。

利用窗区红外辐射测量计算反演海面温度的基本原理可用辐射传递方程式表示为：

$$I_\lambda = B(\lambda, T_S) \cdot \tau(\lambda, P_S) - \int_0^{P_S} B[\lambda, T(P)] \frac{\mathrm{d}\tau(\lambda, P)}{\mathrm{d}P} \mathrm{d}P \tag{3.3}$$

式中 $I_\lambda$ 为星上传感器接收的波长为 $\lambda$ 的辐射测值，$B(\lambda,T_S)$是海面的普朗克辐射强度，$\tau(\lambda,P_S)$是气压为 $P_S$ 的大气层到卫星($P=0$)的大气透过率，$B[\lambda,T(P)]$是温度为 $T(P)$的大气辐射强度，$T_S$ 和 $P_S$ 分别为海面温度和海面气压。

(3.3)式中，右边第一项为海洋的贡献项，第二项为大气贡献项，左边项 $I_\lambda$ 是由卫星观测得到的。

由于海洋表面所放射的窗区红外辐射在到达卫星仪器前，受到大气中各种吸收成分的影响，对于 10～12 μm 窗区来说水汽是主要的吸收成分，它的吸收作用由一些吸收线和一个连续吸收带构成。另外，大气中的水汽含量随纬度、季节和气象条件而变化显著，因此它是影响卫星海面温度计算精度的最严重的因素。利用卫星资料反演海面温度，首先须考虑各种大气吸收成分的影响(主要是水汽吸收的影响)，需要对大气的吸收削弱进行订正。但是，大气状态的实时信息很难得到，无法直接计算(3.3)式中的 $B[\lambda,T(P)]$(它依赖于大气温度垂直分布)和 $\tau(\lambda,P_S)$(它依赖于大气中的温度，湿度，气溶胶和其他吸收气体的垂直分布)。因此，也无法直接通过求解(3.3)得到海面温度。在日常业务计算中一般采用统计回归的方法来反演海面温度。

## 计算方法

利用卫星资料反演海面温度时，必须首先考虑以下三方面的影响因素：

(1)仪器精度和定标精度　仪器精度指仪器的噪音等效温差(NEΔT)、扫描误差和标定误差等。仪器的噪音等效温差取决于对海面温度探测精度的要求和仪器的研制技术。定标误差则取决于发射前定标、卫星在轨定标和定标校准等误差的影响。卫星发射后，仪器的噪音等效温差和发射前定标及卫星在轨定标误差是无法改变的，唯一能够改善测温精度的是利用校准后的定标系数。

(2)云层干扰　对海面温度反演来说，云层干扰表现在两个方面，一是云层吸收海面向上的辐射，会起屏障作用；二是云层也会放射自身的辐射。通常，有云层存在时，云层将会使海温测量值偏低。消除云的干扰是海面温度反演的重要步骤。一般做法是通过一组云检测模式的判识，剔除有云观测值。

(3)大气吸收影响　为了尽量减少大气的干扰，获得来自表面的信息，用于反演海面温度的波段都选择"大气窗区"波段，但这些波段也并非完全透明，辐射传输中也会受到大气(包括大气分子和气溶胶)吸收的影响。其中包括大气中各种气体对向上或向下辐射的吸收、散射、折射和大气的自身辐射等影响过程。图 2.1 是不同气体吸收能量随波长的变化，在 11～12 μm 的红外波段，水汽吸收影响逐渐增大，透过率呈逐渐减小的趋势。图 3.1 给出了水汽透过率随波数(波数大，波长小)变化的示意图，在 900 $cm^{-1}$(11 μm)

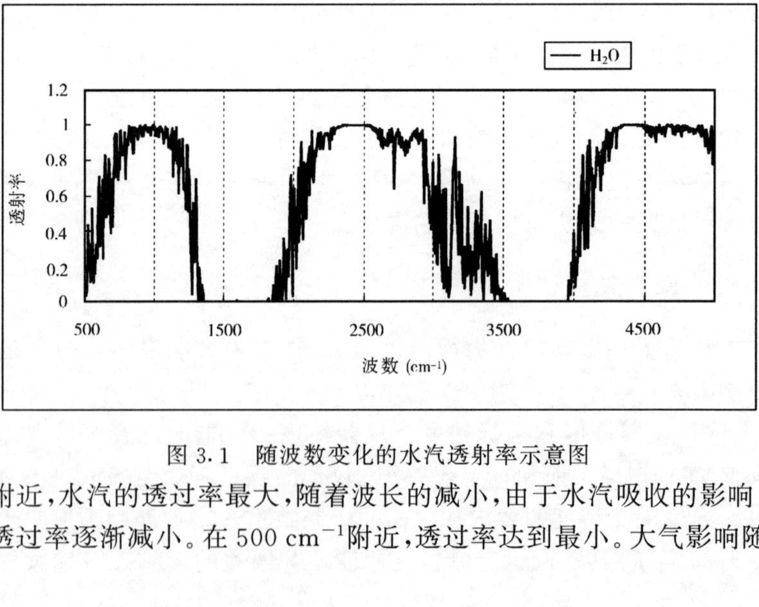


图 3.1　随波数变化的水汽透射率示意图

附近，水汽的透过率最大，随着波长的减小，由于水汽吸收的影响，透过率逐渐减小。在 500 $cm^{-1}$附近，透过率达到最小。大气影响随波长而变，一般会引入10%～20%的误差，其大小与季节和纬度有关，夏季比冬季影响大，低纬比高纬影响大。最严重的是夏季热带地区，水汽会引入5 K的测温误差。排除大气干扰的唯一途径是在计算海面温度时进行大气削弱订正。

在海面温度反演中，一般选取可见光、近红外和中红外波段用于云检测，选取远红外分裂窗波段和中红外波段用于大气削弱订正和海面温度反演。考虑上述因素，利用卫星资料反演海面温度时必须进行以下三步处理：卫星数据的定标，亮度温度计算；云检测和大气削弱订正。现以AVHRR数据为例简单叙述海面温度计算方法。

(1)卫星数据的定标和亮度温度计算　数据定标的目的是将星上扫描辐射仪遥感得到的计数值换算成所观测的辐射量。对可见光和近红外通道的观测值，换算成反射率(%)，红外观测数据换算成辐射率。其计算公式为：

$$E_i = A_i C_i + B_i \qquad (i = 1,2,3,4,5) \tag{3.4}$$

式中$E_i$为各通道探测的物理量，$A_i$和$B_i$为各通道的定标系数，即斜率和截距，$C_i$为星上仪器探测得到的计数值。

将以上计算的辐射率代入普朗克公式，便可得到地表-大气放射辐射的等效亮度温度$T_B$，即

$$T_B = \frac{C_2\gamma_0}{\ln\dfrac{C_1\gamma_0^3}{R(0)} + 1} \tag{3.5}$$

(3.5)式中，$R(0)$为辐射率($W \cdot m^{-2} \cdot \mu m^{-1} \cdot sr^{-1}$)，$\nu_0$为选定大气红外窗区通道的中心波数，$C_1$，$C_2$为普朗克常数，$C_1 = 1.1910659\times10^{-5}$，$C_2 = 1.438833$。

(2)云检测　云检测的目的是将晴空区域和云区分离，剔除受云干扰的测值，将筛选出晴空测值用于计算海面温度。云检测是基于观测目标自身的特性。比如，① 无云的海面，其温度梯度变化不大；② 在红外和可见光波段中，海洋表面的温度较云顶高，其反射

率远低于云顶；③ 海面和云顶在不同红外窗区通道，其放射率的差异等。可以利用云和海面不同的反射和辐射特性来区分云区和晴空区域，排除受云“污染”和干扰的数据。常用的云检测的方法有以下几种：

A. 可见光和红外窗区通道测值的均匀性检验

AVHRR 通道 1、2 和 4、5 的仪器噪声非常低(通道 4、5 的噪声温度≤0.1 K)，通道 3 的仪器噪声较高(噪声温度>0.2 K)。因而在范围不大的晴空海面上相邻视场的观测结果相差是很小的。利用这一特点可以排除那些受云影响的观测数据。判式如下：

$$C_{\max,i} - C_{\min,i} > C_1 \tag{3.6}$$

$$C_{\max,3} - C_{\min,3} > C_2 \tag{3.7}$$

其中，$i=1,2,4$ 或 5 为通道序号，$C_{\max,i}$ 和 $C_{\min,i}$ 分别为反演数据阵(即用来反演一个海面温度值的 $m\times n$ 个像元观测数据)中的最高和最低计数值，$C_1$、$C_2$ 为计数值阈值。当判式不满足时认为通过了云检测，否则为有云视场。

所谓通过了云检测的观测数据，即认为这些观测数据是没有受云遮盖的影响，是可以用于反演海面温度的(下同)。

B. 应用亮温估计值与实测亮温值之差来判别云

用统计回归方法找出通道之间在晴空条件下的某种相关关系，当有云存在时这种统计关系便被破坏。利用这一特点的云检测判式如下：

①应用通道 3 和 4

$$ET_3 = a_1 + a_2 T_4 \tag{3.8}$$

$$ET_3 - T_3 > c_3 \tag{3.9}$$

②应用通道 4 和 5

$$ET_4 = a_3 + a_4 T_5 \tag{3.10}$$

$$ET_4 - T_4 > c_4 \tag{3.11}$$

其中 $T_3$，$T_4$ 和 $T_5$ 分别为 AVHRR 通道 3，4 和 5 的亮温，$ET_3$，$ET_4$ 分别为通道 3 和通道 4 亮温的估计值，$c_3$，$c_4$ 为阈值。当判式

不满足时认为通过了云检测。

C. 夜间层状低云的检测

由于通道 3(3.7 μm)的辐射受水汽的影响较之通道 4(11 μm)要弱得多,通常通道 3 的亮温要比通道 4 的高。但是当云顶温度在 270 K 左右时(相当于层状低云的温度),通道 3 的亮温却低于通道 4 的亮温。利用这一特点可以排除层状低云的观测数据。判式如下:

$$T_4 - T_3 > c_5 \tag{3.12}$$

$c_5$ 为阈值。当判式不满足时认为通过了云检测。

D. 可见光或近红外窗区通道反射率阈值云检测

除在太阳耀斑区外,海面对可见光通道(AVHRR 通道 1)的反射率一般都低于 5%;对近红外通道(AVHRR 通道 2)的反射率一般都低于 3%。而绝大多数云的反射率都显著高于上述数据。这样就可以确定可见光或近红外窗区通道反射率的某一阈值,用于排除受云影响的观测数据。判式如下:

$$A_i > c_6 \tag{3.13}$$

(3.13)式中 $A_i$ 为可见光通道($i=1$)或近红外窗区通道($i=2$)的反射率;$c_6$ 为反射率阈值,它是太阳天顶角、太阳方位角和卫星天顶角的函数。当判式不满足时认为通过了云检测。

E. 用不同波段组合得到的海面温度之差作云检测

在晴空条件下,用不同波段数据组合方式得到的海面温度具有较好的一致性,利用这一特点可以排除那些由于云的干扰而得到的不合理的反演结果。判式如下:

$$\max(TS_1, TS_2, TS_3) - \min(TS_1, TS_2, TS_3) > c_7 \tag{3.14}$$

(3.14)式中,$TS_1$,$TS_2$,和 $TS_3$ 分别为不同通道组合反演出的海面温度,$c_7$ 为海面温度阈值。当判式不满足时认为通过了云检测。

F. 利用海面月平均气候温度做最后的质量控制

由于海面温度具有较好的稳定性,因此某一点的海面温度通常都在其月平均气候温度左右的一定范围内变化。如果用卫星资料反演得到的海面温度值超过了这个范围，就认为是云造成的，便将其舍去，判式如下：

$$|T_{sst} - MT| > c_8 \tag{3.15}$$

(3.15)式中 $T_{sst}$为反演得到的海面温度值，$MT$ 为月平均气候温度值，$c_8$ 为其差的阈值。

在进行云检测时必须分别考虑海洋和陆地的云的影响，因此，在云检测的同时，还须进行海陆判识。

(3)大气削弱订正和海面温度反演　在窗区通道，来自海洋表面的红外辐射到达卫星之前，仍然会受到大气中部分吸收气体的影响。为了利用卫星观测资料精确地反演海面温度，必须考虑大气的影响，利用两个不同波长的红外窗区通道透过率的差异，对大气的削弱影响进行订正。

目前常用的大气订正和海面温度计算模式有线性(MCSST)和非线性(NCSST)两种。在回归统计的基础上，建立白天和夜间不同的海面温度计算模式，利用线性和非线性两种模式相互比较的方式完成白天和夜间海面温度的计算。

海面温度计算是在数据预处理的基础上，直接提取卫星探测资料，采用不同的计算模式，反演不同分辨率的海面温度(SST)，并生成假彩图色海温分布图。彩图 5 为美国 NESDIS/NOAA 数据处理中心处理的全球月平均海面温度产品，数据分辨率为 36 km。美国计算的海面温度与全球浮标测量值相比，月偏差小于 0.1℃，均方根误差小于 0.6℃。彩图 6 为国家卫星气象中心利用 FY-1C 卫星数据计算的全球月平均海面温度产品，计算精度约为均方根误差小于 1.5℃。

## 海面温度应用

(1)海面温度在气候异常分析中的应用　在海气相互作用中，海洋扮演着重要角色。海洋吸收了约 70％左右的进入地气系统的太阳辐射，并将其中的 85％左右储存在海洋表层。这部分能量通过长波辐射、潜热和显热交换的形式输送给大气，成为大气运动的直接能源。海洋还通过蒸发将大约86%的水汽输送给大气，并随大气环流输送到各地，或凝结成降水，或留在空中调节气候。众多研究表明海洋是大气环流的源和汇，海气相互作用对全球气候变化有着重要影响，而海面温度则是气候变化和气候异常的敏感指示器。

海洋，尤其是热带海洋是全球大气运动的能源区，大气中的潜热释放也集中于热带。与中高纬度海洋相比，热带海洋的海气相互作用强度更大，在年际气候变化中作用更为突出。许多异常气候事件都是发生在热带海洋地区，ENSO 就是其中之一。ENSO 是厄尔尼诺(El Nino)和南方涛动(Southern Oscillation)的合称。厄尔尼诺是指发生在厄瓜多尔南部和秘鲁北部沿岸海面温度异常升高的现象。最早的 El Nino 事件发生在1795年圣诞节前后，秘鲁沿岸的海表水温持续异常升高，不仅给该地区渔业生产带来严重损失，还造成洪涝灾害，因此引起人们的普遍关注。后来的观测发现，El Nino 事件出现时，整个赤道东太平洋海域的海面温度都出现持续异常升高。目前一般都用(0°～10°S，180°～90°W)区域的平均海表水温来代表赤道东太平洋的海面温度。当赤道东太平洋的海面温度持续出现较大的正距平时，即称为发生了 El Nino 事件；当该地区出现负距平时，即称为发生了反 El Nino 事件，又成拉尼娜(La Nina)。南方涛动是指印度洋赤道低压与南太平洋副热带高压两大活动中心之间海平面气压变化的负相关关系。其特征是当东南太平洋的副热带高压气压比常年升高(降低)时，印度洋的赤道低压就比常年降低(升高)，它们总是跷跷板似的此起彼伏，形成两大洋上大气之间的涛动。许多研究表明，厄尔尼诺同南方涛动之间有非常好的相关关系。当赤道东太平洋海面温度出现正(负)距平时，南方涛动指数往往是负(正)值，两者之间的负相关系数在－0.57到0.75之间。厄尔尼诺和南方涛动间的紧密关系，是大尺度海气相互作用的突出反映，是低纬度海气相互作用的强信号。ENSO 对气候的影响以环赤道太平洋地区最为显著。在厄尔尼诺年，印度尼西亚、澳大利亚、印度次大陆和巴西东北部往往出现干旱，而从赤道中太平洋到南美西岸，厄瓜多尔和秘鲁等地区则持续大雨，造成严重的洪涝灾害。ENSO 不但影响低纬度的气候，还通过遥相关影响中高纬度的气候。资料分析表明，当厄尔尼诺出现时，我国东北地区和日本夏季持续低温，有的年份我国大部分地区降水偏少。另外，厄尔尼诺事件造成的大气环流异常，尤其是热带大气环流异常，对中国夏季气候有重要影响。例如，西太平洋副热带高压的异常对西太平洋台风活动有重要影响，西太平洋台风活动与 ENSO 有极明显的关系。统计分析表明，El Nino 年，西太平洋台风数较常年偏少，而 La Nina 年，西太平洋台风数较常年明显偏多，因此登陆中国的台风数也受到相关影响。最近 20 年来，ENSO 与全球大范围气候异常研究已被公认为气候和全球变化的核心内容。

利用气象卫星获取的海面温度反映了广阔的海面上温度变化情况，这些宝贵的资料不仅是对海洋浮标站严重不足的有效补充，而且也是研究海气相互作用，分析气候异常不可缺少的资料。利用卫星遥感获取的海面温度可以直接监测赤道东太平洋海域的海面温度随时间的变化，若海面温度距平出现持续异常变化，将引起世界各国的高度重视。目前卫星遥感海面温度，尤其赤道东太平洋(0°～10°S，180°～90°W)区域的平均海面温度的异常变化，不仅已成为指示 El Nino 和 La Nina 事件发生的重要信号，也是研究和监测 ENSO 的重要手段。对卫星遥感的海面温度进行长期的统计分析可以得到判识 El Nino 和 La Nina 出现阈值，也可以监测 ENSO 事件的发生和发展。彩图 7 描述的是 1997 年 5 月赤道东太平洋海域增温变化情况。图中所列是 1997 年 5 月 10 日、17 日、23 日和 6 月 2 日、9 日、17 日的东太平洋海域海面温度变化的图像。自 5 月 10 日开始，厄瓜多尔和秘鲁沿岸等海域海面温度逐渐升高，高温面积迅速扩展，发展很快，各国科学家公认这是该世纪出现的最强的 El Nino 事件。受其影响，1997 年到 1998 年冬季，我国青藏高原地区发生了百年不遇的特大雪灾。1998年夏季,长江中下游发生了特大水灾。同年我国北方松花江、嫩江也发生了特大水灾。给我国人民带来了灾难,给国民经济建设造成了巨大的损失,由此可见,卫星遥感获取的海温图能明显地反应出赤道太平洋海域海面温度的异常。

卫星遥感获取的海面温度不仅能用于监测ENSO事件的发生和发展,而且还广泛用于研究亚洲季风爆发的年际变化;分析西太平洋暖池的热状态对我国气候灾害和夏季降水的影响;尤其是迅速发展的气候模式和海气耦合模式对海面温度的计算提出了越来越高的要求。海面温度已成为长期天气预报、短期气候分析、气候灾害研究和全球变化不可缺少的重要资料之一。

(2)海面温度在渔业中的的应用　海面温度的另一重要应用是在海洋环境变化和渔业生产中的应用。海水温度与鱼类的生存、回游密切相关,在海温锋面位置,常常是鱼群的聚集区。我国早在1990年就开始研究利用AVHRR资料计算的海面温度确定渔场位置。根据各种鱼类的生活习性和回游路径,寻找有经济价值的鱼群。此项研究已投入业务运行多年,在确定渔场位置,促进渔业生产方面发挥了重要作用。

## 内陆水体监测

水是生态环境系统中最活跃、影响最广泛的要素。它既是生命的源泉,也是工农业生产中不可替代的重要资源。据联合国环境规划署预测,水的问题将会同上世纪70年代的能源一样,成为本世纪初世界大部分地区面临的最严峻的自然资源问题。分析资料显示:地球的淡水比例仅占2.8%左右,其中99%以上蕴藏在南北两极的冰雪中或在地下,其余不到1%的淡水又有将近一半被土壤和空气吸收,余下的部分蕴藏在地球表面分布极不均等的江河湖泊之中。许多国家水资源污染状况的恶化使得用水紧张状况进一步加剧。联合国有关机构对水资源所进行的监测表明:全球高达十分之一的河流受到了不同程度的污染。世界性的水荒已经开始带来严重的后果:全球部分地区已经出现因淡水供应不足而限制了各方面发展的状况。

我国是个缺水大国,水资源并不丰富,但用水浪费惊人,供求问题十分突出。我国水资源总计为2.81亿$m^3$,在世界上仅次于巴西、前苏联、加拿大、美国和印尼而居第6位。绝对量虽算丰富,但由于人口多,人均水资源占有量却大大低于世界平均水平,仅列世界第88位。而且随着人口的迅速增长,人均水资源每年在递减。从淡水资源看,世界人均占有量为12900 $m^3$,我国仅2695 $m^3$,还不到世界人均占有量的四分之一。我国水资源还有几个特点:一是全国降水在空间和时间的分布上极不平衡,南方水多,北方水少,差别悬殊,历史上水旱灾害极为频繁;二是北方有的地区人均占有水资源相当于世界上最干旱的国家,水丰富的南方却常常发生季节性干旱,使依赖水灌溉的主要农作物水稻及一些经济作物用水困难;三是污水排放量大处理率低,80%的污水未经处理,使江河湖海和地下水严重污染,水质性缺水现象越来越严重;四是缺乏科学的用水管理,水浪费严重。严峻的水环境形势要求进一步重视水的开发、利用,确保更有效地利用水资源,实现可持续发展战略。

内陆水体由湖泊、河流等组成,是最大的淡水供水源。近些年来,因经济的快速发展,资源利用强度加大,导致我国河流、湖泊原有的生源要素严重畸变,生态系统退化,表现为50%以上河床被污染,其中严重污染占10%;蓝藻水华频繁爆发,湖泊富营养化呈现迅猛发展的趋势,加剧了我国水质性缺水的局面,威胁到饮用水供应,严重制约了经济建设和社会发展。

与此同时,我国还是一个洪涝频发的国家。由于降水的不均匀,每年都会造成洪涝灾害,给国家带来巨大的损失。以2002年前9个月为例,根据民政部提供的资料显示,全国共有近2亿人次不同程度遭受洪涝灾害,死亡1532人,造成各类直接经济损失达680亿元。

因此，开展对内陆水体的监测十分必要，为维护良好生态环境，防灾减灾，促进可持续发展的提供有效帮助。

我国有七大水系，2300多个面积在1 $km^2$ 以上的湖泊。尽管有2131个环境监测站和万余个水环境监测断面，这只能反映某一点或城市主要断面的水环境状况，但难以反映城市之间或者无人区域水环境状况，更不能全面反映水环境的动态变化。针对这一情况，开展基于卫星遥感技术的水环境监测研究十分必要。随着遥感手段和技术的不断发展，内陆水体遥感监测技术取得了一定的成功，部分监测工作已实现业务化运行，如卫星数据对洪涝灾害实时监测等。

根据卫星遥感国内外现有技术水平和我国已经掌握的技术，水环境质量监测可分三步进行：

第一步是应用已掌握的遥感技术，针对国家关心的重大环境问题建立监测体系，内容包括：全国湖泊富营养化调查，主要遥感指标是叶绿素、透明度；近海海洋赤潮的监测，主要遥感指标是水色、赤潮生物；大江大河污染带监测，主要遥感指标是水色、悬浮物。

第二步是开展遥感监测技术开发，扩大水环境遥感监测内容，完善水环境质量遥感监测系统，主要工作有：主要水污染物的遥感探测器的研制、开发；遥感数据的反演技术开发、研究。

第三步是遥感技术在我国水环境监测系统全面实施应用：环境卫星研制与发射；全国水环境遥感监测系统建设。

水环境质量评价与污染趋势预报系统建设与水环境质量监测系统建设同步。利用不同阶段所获得的卫星遥感监测成果和同步的地面站网人工监测成果，建立水环境质量评价模型和水污染趋势预报模型，为水环境治理、环境管理和决策服务。

## 原理和方法

不同的地物由于其物质结构和组成成分的不同，而具有不同的电磁波特征，对不同地物的电磁波特性，即光谱辐射反射特性的研究是遥感数据反演地表信息的首要条件。无论是理论计算还是实际测量,地物的都有三个明显的辐射特征,一是总辐射水平的高低,二是可见光和红外的辐射平衡关系,即光谱整体趋势,三是辐射随波段变化的方向和强度。由于地物的这些特征在遥感数据中会有敏感的反应,因此,它们是利用光谱特征分辨地物的主要依据。

作为环境独立因子的水体,与其他环境因子相比,具有较为明

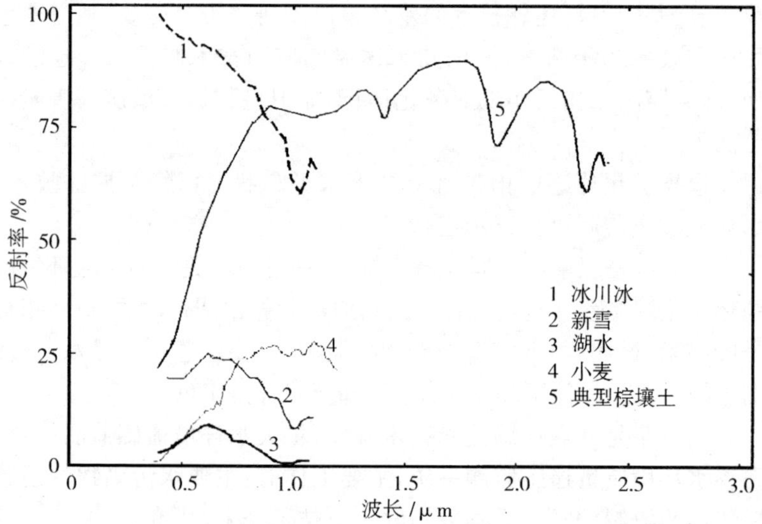


图 3.2 实际测量的不同地物在可见光、近红外反射率随波长的变化(纵坐标为反射率,横坐标为波长)

显辐射特征(见图 3.2),其主要表现为:天然水体在对 0.4～1.1 μm 电池波的反射率明显低于其他地物,其总辐射水平低于其他地物,在遥感图像上常常表现为暗色调;在近红外波段的反射比可见光波段更低;同时对不同的水体,在可见光波段,其反射率有较为明显的不同,如随泥沙含量的增加而增强。

水体的识别和水质的监测大多就是基于这一原理开展的。水体范围的监测往往需要借助于某些辅助信息,如地理信息数据等。水质监测则通过分析卫星多通道遥感数据,尤其是某些敏感通道,

结合实际观测资料，通过相关分析计算，形成局地区域的定量产品，如浮游生物的含量等。

## 初步结果

我国是一个水灾多发国家，政府部门对抗洪救灾决策信息的需求是长期的。通过遥感界多年的努力，遥感信息在抗洪救灾决策中的辅助作用已为国家认可并得到越来越迫切的需求；连续 4 个“五年计划”中把遥感和地理信息系统列入科技攻关计划，沉淀了大量的科技成果，积累了丰富的技术经验。随着遥感技术的不断提高，遥感信息获取的手段越来越多样化，既有高分辨率遥感卫星地面站的常年运行，还有遍及全国的气象卫星业务处理系统，确保了遥感数据的获取，为遥感资料的应用创造了良好的条件。“九五”期间，在科技部和国家遥感中心的支持下，建立了全国主要流域重点地区警戒水域遥感数据库，为洪水实时监测提供强有力的帮助。图 3.3 为利用极轨气象卫星数据计算得到的我国部分地区警戒水域图像。

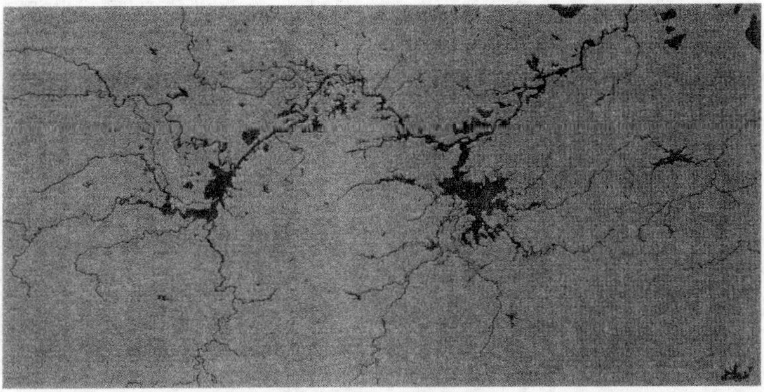

图 3.3　NOAA/AVHRR 资料计算得到的长江流域（洞庭湖、鄱阳湖区域）警戒水域分布图

1998 年夏季，历史罕见的特大洪水肆虐我国长江中下游两岸和东北的嫩江、松花江地区，各地汛情频频告急。为了及时掌握汛

情的发展情况，我国遥感界的科技人员在国家“七五”、“八五”、“九五”、“863”及其他相关科技攻关成果的基础上，充分发挥遥感技术观测范围大、可进行连续观测和在危急关头进行实时监测的优势，从6月19日开始，利用天上不同种类的6颗卫星和多架遥感监测飞机，在地理信息系统和全球定位系统的支持下，对上述地区进行了3个多月的连续监测。不断接收加拿大、欧洲空间局、日本、美国等遥感卫星资料，处理全国范围气象卫星资料近百个时次，高分辨率卫星资料重复覆盖面积总和近千万平方公里。同时，各部门共动用三套航空遥感监测系统，在危急时刻出动飞机超过20架次，获取数十万平方公里灾区洪水实况图像信息。这些工作，及时将大量有关洪水淹没范围的图像及灾情分析报告上报国家防汛抗旱总指挥部、国务院办公厅及国家其他有关部门和各省市防汛部门，提供的各种遥感监测图像和分析报告超过100幅(篇)，基本上达到每天有遥感监测信息，危急时一天有多次信息上报的力度，有力地支持了防汛部门的抗洪决策，得到了国务院及有关部门领导和灾区各省市领导的充分肯定。对此次特大洪涝灾害进行的遥感监测工作，也是对遥感、地理信息系统技术在重大自然灾害监测中综合运用的一次很好检验，同时也提出了更高的要求和期望。

对水体的动态监测是非常必要的，不仅能对洪涝灾害进行有效监测，也为蓄水保水提供指导。内陆水体在丰水期和枯水期有很大差异，在没有遥感资料以前人们没有直观的认识，但有了卫星遥感资料后，这一认识就容易多了。彩图8和彩图9是由我国风云一号C星和D星气象卫星观测得到的长江中下游地区水体在枯水期和丰水期的分布情况。

# 第四章

# 对地观测卫星对冰雪圈的监测

冰雪圈是地球五大圈层之一，是气候系统的冷源，对气系统有重大影响。包括大陆冰盖、季节性雪被、高山冰川、永冻土和海冰等。据不完全统计，大陆冰盖和山地冰川约占全球陆地面积的 11%，海冰约占全球海洋面积的 7%。大陆雪盖以季节性积雪为主，最大面积可达到全球陆地面积的 60%。在冰雪圈中季节性积雪和海冰的年际变化最大，是地表物理过程影响气候系统的重要因素。大范围冰雪覆盖和变化对气候系统的影响主要表现在以下三个方面：(1)大陆冰雪覆盖的存在，将增大地面反照率，减少地表对太阳辐射的吸收，影响地气系统的辐射平衡；(2)冰雪覆盖的低导热率减少了下垫面与大气间的热量交换，不仅使冰雪覆盖地区的气温下降，而且通过大气环流的作用，能使其他地区的气温下降。另外，融雪需要吸收大量的热量，而冰川融化每年约消耗地面太阳能的 30%，从而影响地气系统和地表的热量收支平衡；(3)大陆积雪融化将改变土壤的水分含量，影响蒸发量，进而改变地表水分的收支平衡。由此可见，研究冰雪的分布，分析冰雪覆盖随时间的变化,不仅有助于了解冰冻圈、大气圈、水圈的相互联系和相互作用,揭示冰雪覆盖对大气环流和各地区天气、气候的影响,而且雪盖可以作为气候系统模式的初始因子,用于改进模式预报精度。同时,冰雪信息也可以用于检验模式的输出结果。

目前国内外监测冰雪变化的主要手段有三种:一种手段是地面气象台站对降雪和积雪的观测,它可以获得以日为间隔的,时间序列最长的积雪资料。但由于观测台站的分布密度不均匀,而且台站观测只是小范围的测量,资料的空间分布连续性差,不能全面准确地反映大范围积雪分布状况。尤其是在高纬、高海拔等环境恶劣的偏远地区以及辽阔的海洋上,无法获得连续的观测资料。第二种监测手段就是野外测量。利用地面观测仪器,有目的的组织区域性的冰雪覆盖范围和覆盖特征调查。通过野外调查可以获取详细的实测信息,但是测量范围有限,而且费用昂贵。第三种监测手段就是利用卫星遥感资料提取积雪信息,这是自 1960 年 4 月美国第一颗气象试验卫星 TIROS-1 号发射成功后,逐步发展起来的卫星遥感积雪技术。利用对地观测卫星所携带的遥感仪器获取的可见光、红外和微波资料,分析冰雪覆盖的分布和变化,不仅能宏观全面的监测积雪覆盖情况,而且具有比较高的空间分辨率。随着航天技术的发展,卫星遥感逐步成为获取冰雪覆盖信息的重要手段,尤其是在地域辽阔、地形复杂和雪灾频发的牧区和山区。卫星遥感冰雪监测技术在日趋迫切需求的推动下,得到不断的提高和改进。卫星遥感是唯一能为冰雪实况监测和气候研究提供全球冰雪覆盖信息的有效手段。

## 冰雪监测

利用卫星遥感监测冰雪开始于 1960 年美国第一颗极轨气象卫星发射,最初是利用可见光影像图通过人工判识的方法制作北半球雪盖范围的业务产品,并且通过连续监测,首次获得了全球积雪分布和年际变化资料。随着卫星系列的更新换代和遥感仪器的不断改进，地球静止气象卫星（GOES、GMS）等高频次卫星以及陆地资源卫星 TM 影像（LANDSAT/TM）、地球观测系统的中分辨率成像光谱仪（EOS/MODIS）等高光谱、高分辨率遥感仪器相继投入使用，卫星遥感积雪监测技术也得以不断发展和提高，逐步形成以光学机械扫描辐射计和微波辐射仪为主要信息源的冰雪遥感日常监测业务系统。

## 冰雪覆盖遥感原理

雪有很强的可见光反射和强的短波红外吸收特性，卫星遥感冰雪覆盖的主要依据是冰雪在可见光、近红外、远红外和微波波段的光谱特征。利用冰、雪、云、裸地、森林和植被等不同下垫面在不同的光谱波段所具有的不同的地物光谱特征，建立冰雪判识模式，从卫星遥感地球所获取的综合资料中提取冰雪信息。许多研究表明，到达雪面的太阳辐射通常被雪冰粒子和粒子间的液态水吸收或反射，但是不同类型的雪，在不同的光谱波段，具有不同的吸收或反射特性。在可见光波段冰雪的吸收率较小（最小吸收率在 0.46 μm 附近），随着波长的增加，冰雪对太阳辐射的吸收逐渐增大，在短波红外波段吸收率明显增强。图 4.1 展示了不同类型的雪其表面反射率随粒子半径和波长的变化。在可见光波段，不同类型的雪都具有较高的反射辐射，且雪面反射率略有差别；在短波红外波段，尤其是在 1.25～1.35 μm 之间差别较大。随着波长的增加，积雪反射率逐渐减小，在1.55～1.65 μm之间和 2.1 μm 附近反射率都达到最小，主要原因是冰雪在这些波段上对太阳辐射的吸收比较强。与其相反，云在这些波段仍保持较高的反射辐射，这就为云雪判识提供了依据。Bunting 等人也曾指出，在1.55～1.75 μm 的近红外波段上，云和雪的反射率有较大的差异，是冰雪判识的理想波段。在这一波段范围内，云反射来自太阳的辐射，而积雪却吸收太阳辐射。因此，云的反射辐射远远大于积雪，这一光谱特征可用于区分云和雪。除此之外，云在多波段相结合应用中与雪相比也有一些微小的差异，这些多光谱特征也是区分云和冰雪的依据。

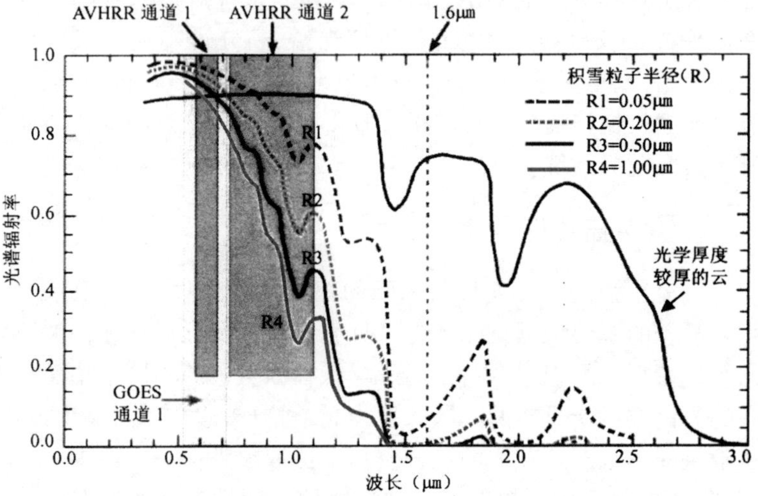


图 4.1　不同粒子半径的雪和云的反射率随波长的变化曲线

在微波波段，冰雪遥感是以雪粒子对微波的散射和吸收为基础的。雪粒子的大小直接影响着微波辐射亮度温度(Hall 等. 1986。干雪粒子对微波的吸收和散射作用与波长有关，波长与雪粒子大小相近时(小于 1 cm)，散射作用占主导地位；波长远大于雪粒子时(大于 5 cm)，则以吸收作用为主。当微波频率在 10 GHz 以上时，干雪粒子的散射作用增强，引起微波辐射亮温降低，与无雪区之间形成亮温差。积雪越深，电磁波的散射损失越大，穿透的微波辐射就越少，探测器所接收的辐射就越少，雪层引起的亮温差就越大(图 4.2)。此外，在窗区通道，微波能穿透云层，而且不受光线的影响。因此，微波波段是有云情况下进行冰雪监测和计算雪深的最好的波段。

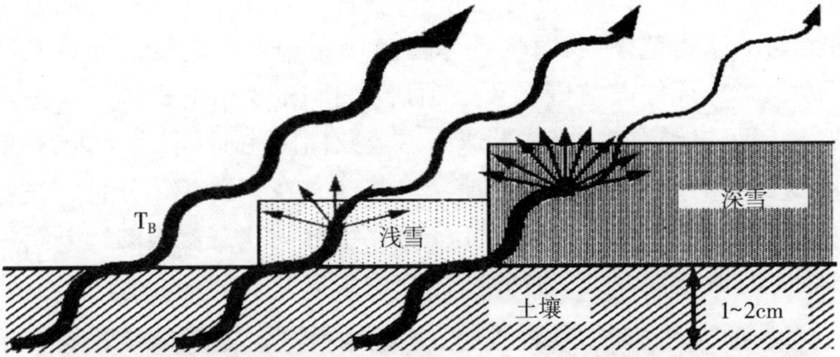


图 4.2 不同雪深对微波亮温差的影响示意图

## 冰雪覆盖遥感方法

目前,在冰雪覆盖监测和研究中,经常使用的光学仪器主要有 NOAA 卫星携带的改进的甚至分辨率扫描辐射计(AVHRR/3)和 FY-1C/1D 卫星携带的多通道可见红外扫描辐射计(MVISR)。两种仪器的光谱特征如表 4.1 所示。

利用对地观测卫星进行冰雪监测主要有以下 3 种方法:即人机交互阈值判识、多光谱半自动阈值判识和微波监测冰雪的方法。

**表 4.1 AVHRR 和 MVISR 光谱特征比较**

| 通道 | AVHRR/3(NOAA 卫星) | MVISR(FY-1C/1D) |
|---|---|---|
| 1 | 0.58～0.68 μm | 0.58～0.68 μm |
| 2 | 0.725 μm～1.10 | 0.84～0.89 μm |
| 3 | 3.55～3.93(3b) μm | 3.55～3.95 μm |
| 3a | 1.58～1.64 μm | |
| 4 | 10.30～11.30 μm | 10.3～11.3 μm |
| 5 | 11.30～12.30 μm | 11.5～12.5 μm |
| 6 | | 1.58～1.64 μm |
| 7 | | 0.43～0.48 μm |
| 8 | | 0.48～0.53 μm |
| 9 | | 0.53～0.58 μm |
| 10 | | 0.90～0.965 μm |

**人机交互冰雪监测** 利用可见光影像图,通过人工判识的方法制作北半球雪盖范围图开始于 1960 年,主要依据判识人员对云

图的分析判识经验，通过对比分析，在每日的北半球极射赤面投影图上勾画冰雪范围，将每周的冰雪范围集中在一起输入计算机绘制成北半球周雪盖范围图。该项研究于 1966 年正式转入业务产品，每年可以获取 52 幅北半球周雪盖范围图。到目前为止，已积累了 30 多年的北半球周积雪资料，这些信息在积雪变化分析和气候研究中发挥了重要作用。图 4.3 为北半球周冰雪覆盖图例。图中白色为冰雪覆盖，灰色为陆地，深灰色为海洋。

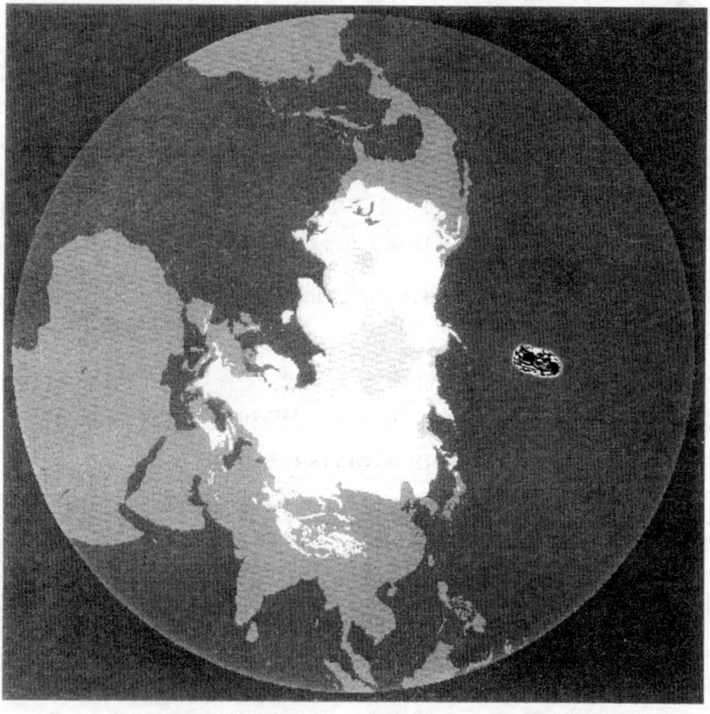

图 4.3　美国 NOAA/NESDIS 处理的北半球周冰雪覆盖图

随着卫星遥感探测和计算机技术的发展，卫星遥感雪盖人工判识方法远不能满足应用的需求，通过不断地改进和完善，逐步开展了人机交互阈值判识研究，依据云雪的光谱特征和长期积累的判识经验建立了人机交互冰雪判识流程。从每条AVHRR过境数据中人工判识提取冰雪数据，逐日积累建立冰雪数据库，为冰雪变化分析积累长时间序列信息。彩图10是人机交互获取的中国地区积雪分布图。图中白色是雪，绿色是由地理信息确定的下垫植被分布，黄色为裸土。

人机交互冰雪监测最大的优点是能够实时获取冰雪信息，积雪信息的提取完全依赖于人工监测，冰雪监测精度取决于判识人员的经验。

**多光谱半自动阈值判识法** 多光谱阈值判识主要依据积雪的光谱特征。理论研究表明，在短波红外波段云和雪的反射率有较大的差异，在这一波段范围内，云反射来自太阳的辐射，而积雪却吸收太阳辐射，因此，云的反射辐射将远远大于积雪。尽管冰晶云与积雪的光谱特征有些相似，但是通过多光谱综合分析和多波段组合仍可达到区分云和雪的目的。图4.4展示了积雪、卷云和积云在短波红外波段（1.55～1.65 μm）的典型光谱特征曲线。根据雪和云在可见光波段反射率相近，而在1.55～1.65 μm波段近乎相反的反射辐射特征，可以建立增大云雪反差的归一化积雪指数（NDSI）、差值积雪指数（DSI）、比值积雪指数（RSI）等计算公式。

$$NDSI = (ch1 - ch6) / (ch1 + ch6) \tag{4.1}$$

$$DSI = ch1 - ch6 \tag{4.2}$$

$$RSI = ch1 / ch6 \tag{4.3}$$

$$RDSI = (ch1 - ch6) / ch6 \tag{4.4}$$

式中NDSI是归一化积雪指数，ch1和ch6分别为可见光和短波红外波段的反射率。

图4.5是利用实测卫星资料分析得到的不同陆地表面的可见光反射率与归一化积雪指数（NDSI）的聚类分析结果。图中积雪与云、植被、水体等下垫面具有不同的光谱特征，积雪的高反射率和较大的归一化积雪指数可作为云雪的判识依据。以各类积雪指数

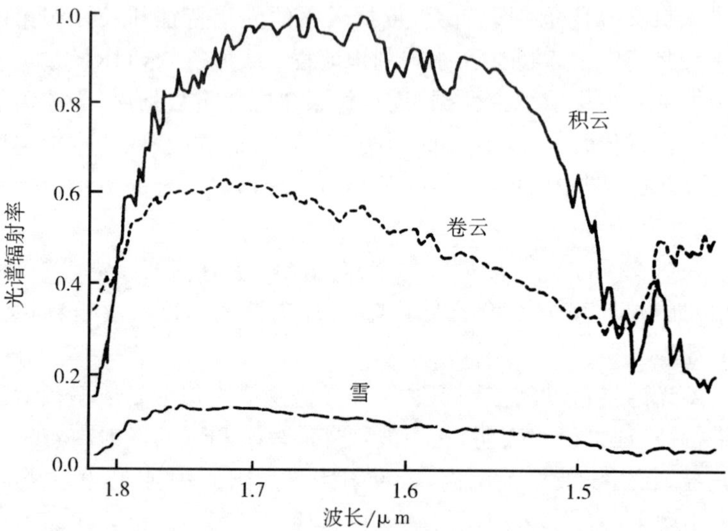


图 4.4　积雪、卷云和积云在 1.55～1.75 μm 波段范围内的光谱特征曲线

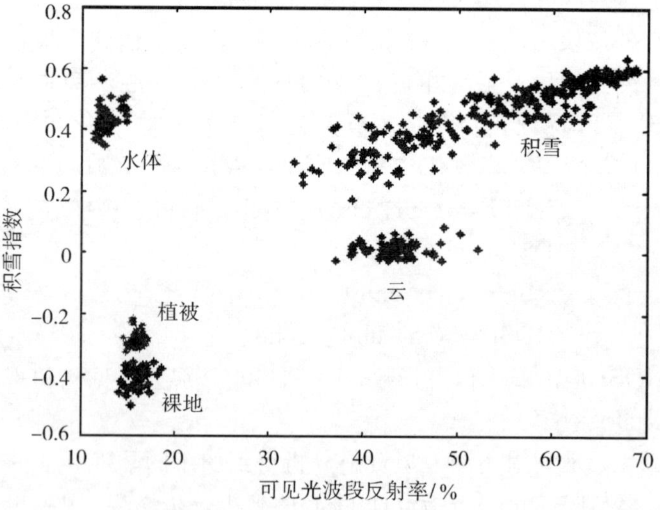


图 4.5　不同陆表类型在可见光波段的反射率与积雪指数的点聚图

作为云雪判识的主要指标，结合其他波段的光谱特征，例如通道1、2的反射率差、植被指数和通道4亮温等，并依据下垫面和云系的特征，气候资料和云/雪判识经验，在多参数聚类分析的基础上，分组确定冰雪综合判识阈值，建立半自动云雪判识模式，将得到更准确的云、雪判识结果。图 4.6(a～e)是利用美国 NOAA 极轨气象卫星 AVHRR/HRPT 资料，使用上述计算处理方法得到的1996～2001年中国区域12月下旬积雪分布图。其中，白色为积雪区，黑色为无雪区。这些图清晰地反映了全国各地积雪的时空分布状况。图 4.6(f)是利用 NOAA-16 极轨气象卫星 AVHRR/3 资料，由改进后的积雪监测系统计算的2002年1月上旬中国地区植被积雪覆盖图，图中白色为积雪区，深灰色区域为植被。此图清晰地反映了全国各地积雪的分布和植被的覆盖状况。

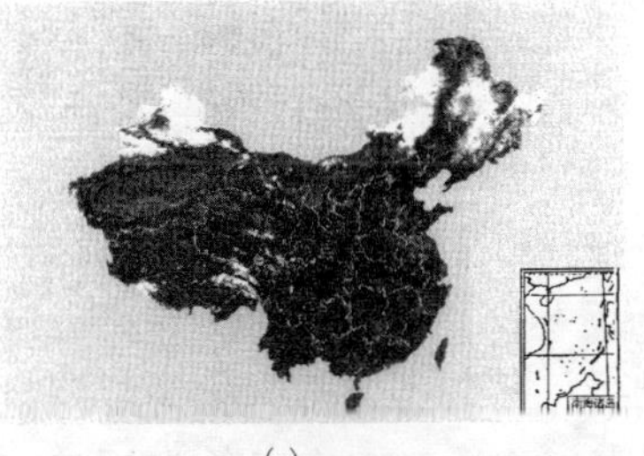

(a)

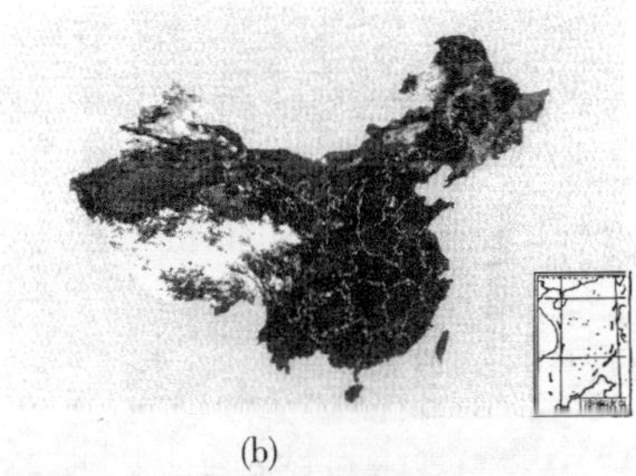

(b)

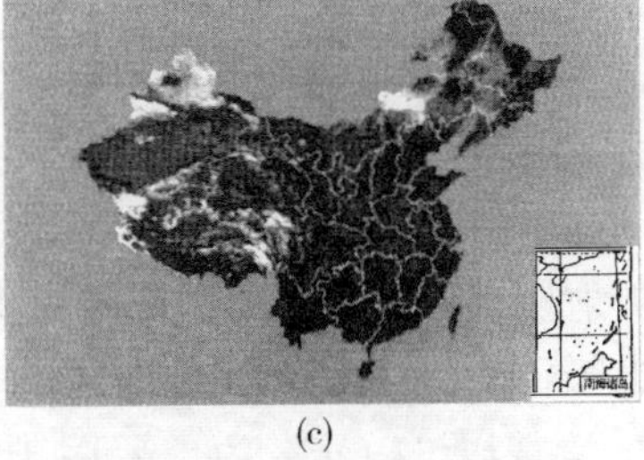

(c)

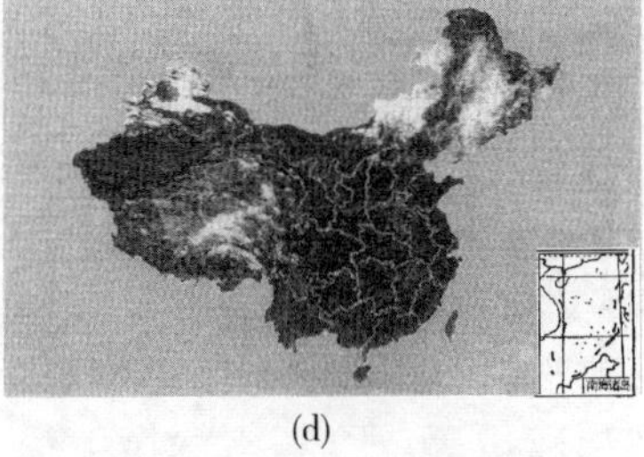

(d)

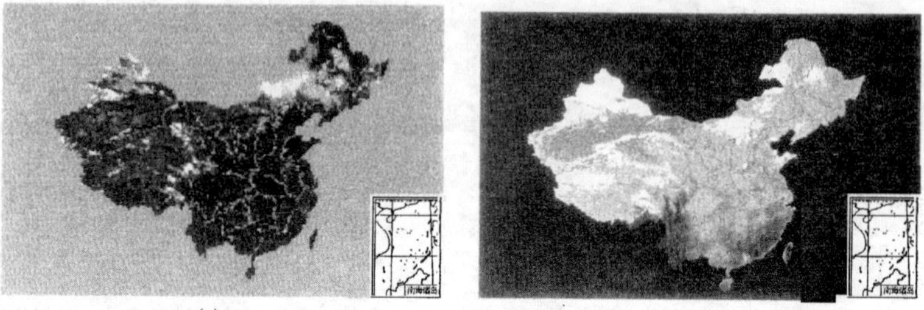

(e) (f)

图 4.6 用多光谱分析阈值法计算的 1996～2001 年 12 月下旬中国区域旬积雪分布图

**冰雪覆盖的微波遥感** 与可见光和近红外不同的是微波窗区波段可以不受云的影响,得到直接观测的地面信息,因此微波窗区波段是有云覆盖时监测冰雪的最好的波段。为了减小积雪内部和雪表面状态对积雪监测的影响,常采用两种频率的亮温差判识雪盖,计算积雪深度。图 4.7 和图 4.8 是利用 AMSU 的 1 通道(23.8 GHz)、2 通道(31.4 GHz)和 15 通道(89.0 GHz)资料试验得到的几种典型地表特征在 1 通道、15 通道和 2 通道、15 通道的亮温差。两种亮温差都有助于将雪区与其他下垫面区分开。图 4.10 是利用 AMSU-A 资料计算的中国地区积雪覆盖图。图中白色为积雪,灰色为陆地。

研究表明,无雪覆盖的裸露干地表的微波比辐射率为 0.95 左右;当有积雪时,积雪对地表的向上热辐射有明显的后向散射作用(或称遮蔽效应),使得积雪区表现在微波亮度温度上为低值区。积雪越厚,散射粒子越多,对辐射的散射削弱越大,反映在亮温上也就越低。理论研究表明,星载传感器微波通道中 37 GHz 对干雪的散射较敏感,所以,雪深微波遥感反演常以 37 GHz 为主要因子。Chang 在假定积雪密度为 0.3 $g \cdot cm^{-3}$、雪粒子直径为 0.3 mm 的条件下,把理论计算与微波亮温随干雪雪深变化的关系作线性拟合相结合,得到微波亮温反演雪深(SD)的计算公式如下:

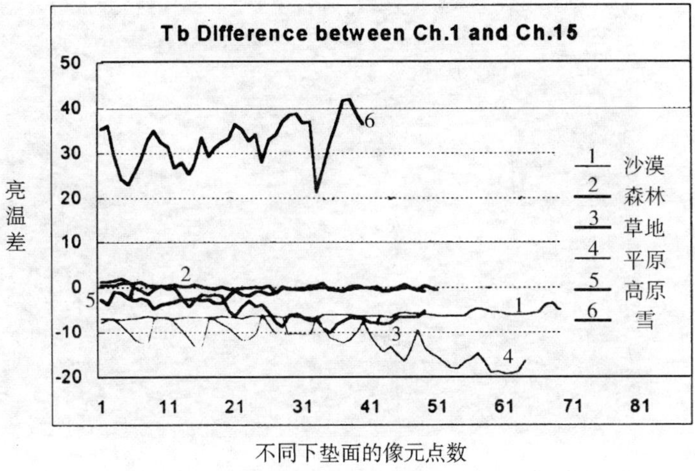


图 4.7　几种典型地表特征在通道 1 和 15 的亮温差

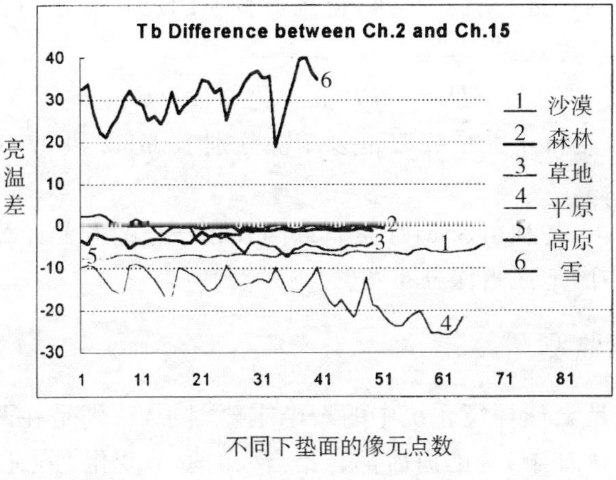


图 4.8　几种典型地表特征在通道 1 和 15 的亮温差

$$SD = A(T_{18H} - T_{37H}) \tag{4.5}$$

式中 $A=15.9$，是线性斜率；$SD$ 是雪深，单位 cm。该式适用于反演雪深小于 3 m 的干雪，并认为雪深小于 1 cm 的地区是无雪区。研究表明该算式比较适用于反演草原地区的雪深。针对不同地区的

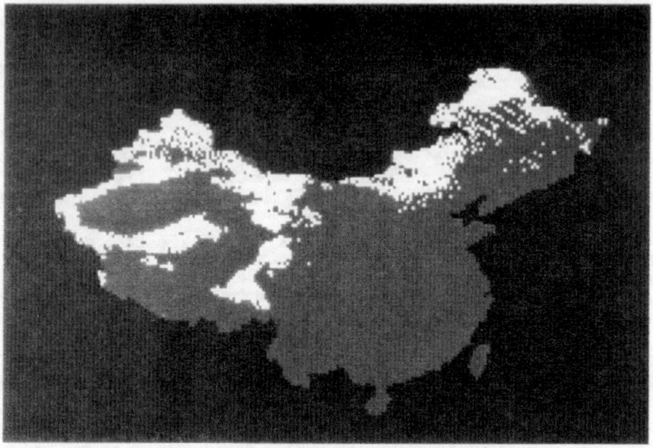

图 4.9　2001 月 11 月下旬全国雪盖监测图
（图中白色为积雪，灰色为陆地）

陆表特征对上述公式进订正，得到更普遍的反映温差与雪深之间的关系的计算式：

$$SD = A(T_{18H} - T_{37H}) - B \qquad (4.6)$$

式中 $A$、$B$ 是订正关系数，$T_{18H}$及 $T_{37H}$分别 18 GHz 和 37 GHz 的水平偏振亮温。

彩图 11 是利用 SSM/I 资料以两式相结合的方式计算的 1997 年 12 月中国地区雪深分布图。

## 海冰监测

海冰是全球环境系统中的一个重要因子，特别是在两个半球上约占全球海洋 7%的海冰都有相当大的季节变化。在北半球，海冰范围的变化从 9 月份的极小值约 $7.8\times10^6\ km^2$ 到 3 月份的极大值约为 $14.8\times10^6\ km^2$；在南半球，海冰范围的变化由 2 月份的 $4\times10^6\ km^2$ 到 9 月份的 $20\times10^6\ km^2$。海冰使地球表面太阳辐射量显著减少，极大地控制着海气间的热量、能量和动能的交换，而且在它的凝结与融化过程中，关联着盐分和热量的通量，影响上层海洋的密度结构，而密度结构随时间的变化导致深水层甚至海底的结构变化，海水向赤道的净平流使低盐度的冷水输送出两极地区。

卫星遥感是绘制全球海冰冰缘和冰的凝聚分布图的有效工具。在1972年Nimbus-5星发射之后，用星上的电子扫描多通道微波辐射仪（ESMR）得到了全球南极和北极海冰覆盖的整年记录，并已经作出了全球海冰覆盖范围和凝聚图。被动微波遥感仪器具有穿透云层和对极地阴暗区采集资料的功能，因此很适宜于对全球海冰的监测。但是，微波遥感器不能采集到海冰的反照率或热辐射资料。春夏秋三季的反照率和温度资料对于分析海冰能量交换是很重要的。用光学传感器，例如AVHRR和TM可以测量到海冰的反照率和温度。MODIS也能用于海冰的反照率和温度的测量。

对内容丰富的海冰的研究，目前还没有理想的传感器。虽然海冰对于气候模拟和全球变化是重要的，但至今连一个专门测量和监测海冰多种特性的传感器都没有，为此必须采用多传感器组合的方法。每天可以从DMSP/SSM/1得到穿过云层的被动—微波卫星遥感资料，用来帮助确定冰的类型和分布特征。由于资料的分辨率为15～30 km，对于详细研究冰的活动和走向效果并不好。陆地卫星和NOAA卫星上的图像传感器可以用于海冰活动和走向的定位研究，但是频繁出现的云层减少了资料的可利用率。能表示全年日夜海冰定位、切变区和移动类型的合成孔径雷达（SAR）是所有遥感器中最好的。自从1991年ERS-1发射以来，ERS-1和JERS-1卫星上的SAR已经提供了很多新的重要的海冰资料。ERS-2和RADARSAT资料也开始提供局地和区域的海冰分布面积。但是，SAR不能像被动微波、NOAA和MODIS传感器那样提供逐日的海冰范围监测图像。对于海冰的日常监测，只能依赖于AVHRR/3和我国的极轨气象卫星资料。采用与积雪监测相同的方法，通过阈值判识和人机交互的方式获取海冰信息。

我国海冰最集中的地区是我国渤海湾地区。受冬季风的影响，季节性海冰每年常出现在11月到2月之间，海冰的出现会对我国渤海湾的钻井平台造成威胁，利用NOAA、FY-1C/1D卫星以及MODIS资料监测海冰的生成和发展是我国冬季遥感应用的主要任务之一。彩图12是利用FY-1C卫星监测到的1999年12月25日(a)、2000年1月15日(b)和2000年2月15日(c)渤海海域海冰图像。图中可以看到，12月25日出现初冰期，1月15日进入重冰期后，渤海辽东湾大部分地区已布满海冰。在海冰外沿线处，出现大块的浮冰群。由于2000年冬季异常寒冷，2月15日辽东湾海冰已扩大至渤海东部，渤海湾北部完全被冰覆盖，沿岸处已出现大片沿岸冰。

目前，渤海辽东湾的海冰监测已逐步进入日常业务，监测手段也由NOAA和FY-1C/1D卫星资料，发展到利用250 m分辨率的MODIS资料监测海冰。

# 卫星遥感积雪的分析应用

## 北半球积雪分布特征

冰雪主要分布在中高纬度地区，大陆冰盖和山地冰川约占全球陆地面积的11%，海冰约占全球海洋面积的7%。大陆雪盖以季节性积雪为主，其分布与纬度、海拔高度和下垫面自然条件等有关，实质上是与气温和降雪的关系。统计分析美国NOAA/NESDIS计算的24年的北半球积雪信息，可以将北半球积雪分为永久积雪和季节性积雪两大类，季节性积雪一般又可划分为稳定积雪和不稳定积雪两个亚类。将连续维持一个月以上的积雪称为稳定积雪，不足一个月的称为不稳定积雪。根据24年北半球雪盖资料的状况，参考常规资料的划分，将永久性积雪区与季节性积雪区的确定以年平均积雪周数38周(即266天)为界；考虑到积雪年际变化较大，稳定积雪区与不稳定积雪区的界线，定为年平均积雪周数 9 周(约两个月)。将不稳定积雪划分为两个亚类：年周期性不稳定积雪区和非年周期性不稳定积雪区。在年周期性不稳定积雪区里，每年都出现积雪，年周期性积雪周数 2～9 周；在非年周期性不稳定积雪区里，有的年份出现积雪，有的年份不出现，或多年才出现一次积雪，年平均积雪周数 0～2 周。

彩图 13 是根据 1967～1990 年 24 年的周雪盖资料，统计分析得到的北半球积雪分布极射赤面投影图，图中白色代表永久性积雪区，主要分布在北极附近，青藏高原地区也有分散的永久积雪区，这类积雪几乎常年不融化，总面积约为 $5.98\times10^6$ $km^2$。红色代表稳定季节性积雪区，主要分布在温带的大部分地区，在北半球积雪中占有相当大的比例，面积约为 $3.81\times10^7$ $km^2$。黄色代表年周期性不稳定积雪区，主要分布在温带与热带交替处，面积约为 $9.60\times10^6$ $km^2$。紫色代表非年周期性不稳定积雪区，主要分布在亚热带地区，面积约为 $6.49\times10^6$ $km^2$；绿色代表无积雪区，主要分布在低纬热带地区；淡灰色代表海洋和湖泊。纵观北半球积雪分布图，我们可以看到，北美大陆积雪分布比较均匀，从北极到赤道，各类积雪区依次排列，与气候带相吻合。欧亚大陆积雪分布则很不规律，各类积雪区相互交错，尤其是青藏高原这个地球表面最高的隆起台地及其周围地区，受地形、季节性降雪和温度的影响，积雪分布很不规则，高原地区地形起伏较大，积雪的时空分布差异较大。中国地区主要以季节性积雪为主，受青藏高原和东北、内蒙古、新疆等地区年周期性稳定和不稳定季节性降雪的制约，积雪的时空分布表现出明显的年内和年际变化差异。

## 北半球积雪的年内变化

雪盖的年内变化主要是由于降雪量和气温的年内变化导致的。表 4.2 列出了 1971～1990 年北半球、欧亚大陆、中国与青藏高原等不同范围内的雪盖面积各月多年平均值，可以看出雪盖的年内变化幅度是非常大的。其中欧亚大陆雪盖面积的年内变化最大，最大月(1月)是最小月(8月)的37倍之多；其次是在北半球范围内，雪盖面积最大月(1月)是最小月(8月)的12倍之多；受永久积雪的影响，年内变化幅度最小的是青藏高原地区。

**表4.2 北半球、欧亚大陆、中国及青藏高原雪盖面积的年内变化**

(单位：$\times 10^6\ km^2$)

| | 1月 | 2月 | 3月 | 4月 | 5月 | 6月 | 7月 | 8月 | 9月 | 10月 | 11月 | 12月 | 平均 |
|---|---|---|---|---|---|---|---|---|---|---|---|---|---|
| 北半球 | 46.9 | 46.7 | 41.8 | 32.2 | 21.7 | 11.8 | 5.3 | 3.8 | 5.6 | 19.4 | 35.0 | 43.5 | 26.1 |
| 欧亚 | 29.8 | 29.7 | 26.2 | 18.8 | 11.8 | 5.3 | 1.4 | 0.8 | 1.8 | 11.1 | 21.4 | 27.1 | 15.4 |
| 中国 | 4.7 | 4.8 | 3.8 | 2.1 | 1.3 | 0.9 | 0.6 | 0.5 | 0.6 | 1.2 | 2.8 | 4.3 | 2.3 |
| 青藏高原 | 1.3 | 1.4 | 1.1 | 1.0 | 0.8 | 0.6 | 0.4 | 0.4 | 0.4 | 0.6 | 0.8 | 1.1 | 0.8 |

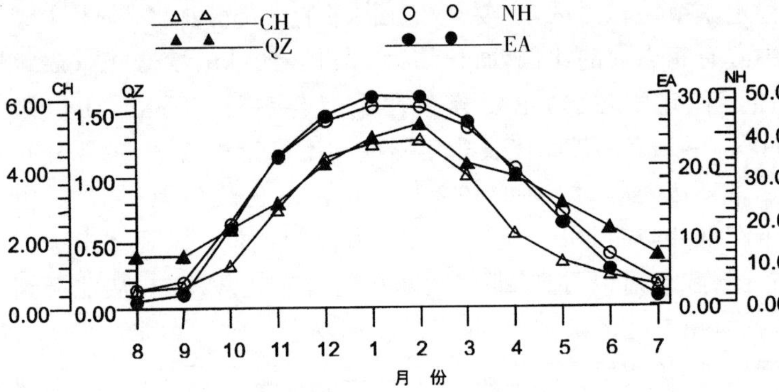


图4.11 北半球(NH)、欧亚大陆(EA)、中国(CH)及青藏高原(QZ)雪盖面积的年内变化(1967～1990)(单位：$\times 10^6\ km^2$)

图4.11为不同范围内雪盖面积年内变化曲线，它们总趋势大体一致，雪盖面积在冬季(12～2月)达到最大，然后逐渐减小，到夏季(8月)达最小，并持续到9月份。所不同的是，北半球与欧亚大陆雪盖面积的年内变化规律很相似，最大值出现在1月份，而中国与青藏高原则出现在2月份，且中国大陆雪盖面积在3月份以后急剧减小，10月份以后又迅速增加，主要原因在于中国大陆积雪除了青藏高原地区有部分永久性积雪外，大部分地区以季节性

积雪为主。因此，10 月份以后，随着季节性降雪的增加以及气温的降低，积雪面积迅速增加，至次年 1、2 月份达到全年最大值；3 月份以后，随着气温的升高，季节性积雪相继融化，3～5 月雪盖面积减小速度较快，5～7 月减小速度减缓。同样，由于青藏高原地区永久性积雪所占比例较大，使得该区域雪盖面积的年内变化比其他 3 个区域缓慢，受高原特殊环境和特殊天气特征的影响，青藏高原地区积雪面积年内变化规律明显不同于其他 3 个区域，年积雪峰值出现在 2 月份，且明显高于其他月份，2 月至 3 月雪盖面积迅速减少，3 月至 4 月减少速度变缓，4 月份以后变化趋势较其他范围迟缓，9 月份以后雪盖面积逐渐增加，增加速度明显不同于其他区域，且由于高原上降雪多出现在春秋两季，使其变化位相落后。

## 冬季积雪的年际变化分析

雪盖的年际变化主要受大气环流周期性和非周期性变化的制约，但又对大气环流产生反馈作用。冰雪覆盖形成了气候系统的冷源，以南北极冰雪为例，若两极冰雪增加，两极冷源得到加强，高低纬度之间温差和相应的气压梯度随之增大，气压场和大气环流也随之变化，最终导致气象要素和气候的变化。反之亦然。同时，大范围的冰雪覆盖也影响大气圈和陆地之间的热交换，当存在大范围冰雪覆盖时，这种热交换显著减少。另外，冰雪融化时需要吸收大量热量，这些过程都会导致相应的大气环流的调整。因此，了解掌握陆面冰雪覆盖范围和变化，有助于研究大气环流和地球五大圈层之间的相互作用。图 4.12 是利用美国 NESDIS 处理的 1973～2000 年北半球月雪盖资料，经过统计计算得到的欧亚大陆积雪覆盖年际变化曲线。可以看出，欧亚大陆雪盖面积每年冬季 1、2 月达到最大，夏季 8、9 月达到最小，周期变化十分明显，属于稳定季节性积雪区。但是，冬季积雪覆盖的年际变化仍有较大的差别，存在 3 到 5 年的变化周期。27 年内冬季积雪覆盖最大的一年出现在

1977～1978 年冬季，最小的一年出现在 1999～2000 年冬季。1985 年以前，欧亚大陆积雪覆盖年际变化较大，1990～1998 年之间年际变化较平稳。

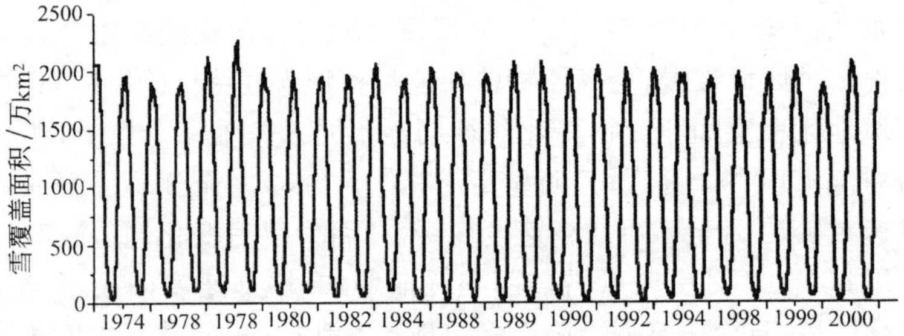


图 4.12　欧亚大陆月积雪覆盖年际变化曲线

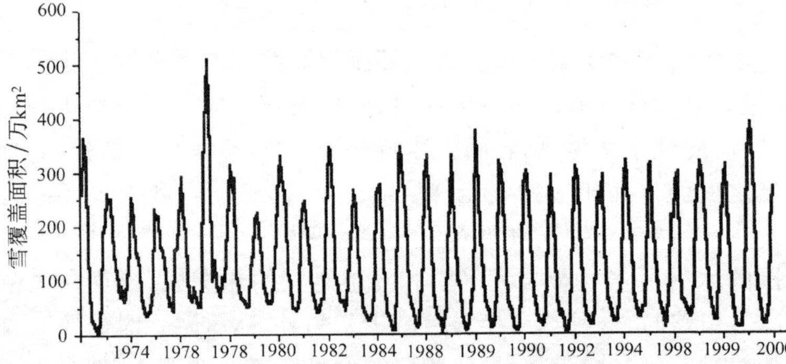


图 4.13　中国区域雪盖距平年际变化曲线

中国是典型的季节性积雪区，冬季积雪的变化主要发生在青藏高原、新疆、内蒙古和东北等地区。新疆和东北地区北部基本属于年周期性稳定季节性积雪区，积雪覆盖比较稳定。青藏高原和内蒙古地区则属于不稳定季节性积雪区，其变化将对天气和气候产生影响。图 4.13 是利用美国雪盖资料统计计算的中国区域雪盖距平年际变化曲线。与欧亚大陆相比，中国区域雪盖年际变化较大，尤其是1984年以前。最大的雪盖距平出现在1977～1978年冬季，其次，分别出现在1987～1988年和1999～2000年冬季。最大雪盖出现年份存在约10年周期。冬季雪盖距平最小的年份，分别为1975～1976和1979～1980年冬季。

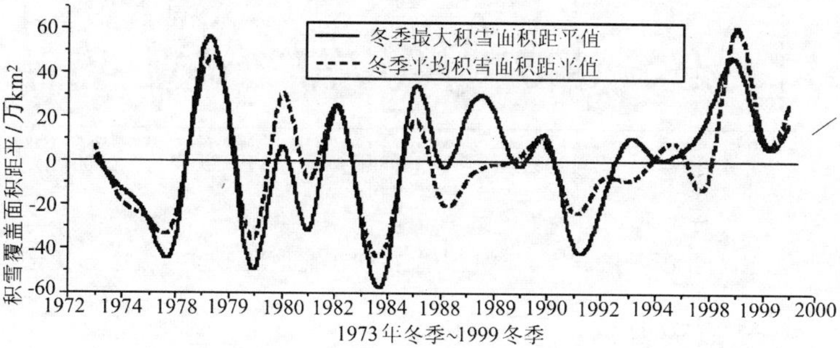


图 4.14　青藏高原地区雪盖距平年际变化曲线

图4.14给出了青藏高原地区(40°～140°E，20°～70°N)雪盖距平年际变化曲线。非常明显，青藏高原地区的雪盖存在着非常明显的年际变化。27年中，积雪距平超过30万$km^2$的分别为1977～1978年、1985～1986年和1997～1998冬季。积雪距平低于负40万$km^2$的分别为1975～1976年、1979～1980年、1983～1984和1991～1992年冬季，其中，1983～1984年冬季雪盖是27年中最少的1年。

利用中国处理的卫星遥感积雪数据对我国青藏高原、新疆、内蒙和东北地区的雪盖进行了比较(图4.15)，发现新疆地区是稳定的季节性积雪区，也是我国西部最稳定的固态水资源。青藏高原与内蒙古和东北地区的雪盖年际变化完全不同，高原地区多雪年对应内蒙古和东北少雪年。反之，内蒙古和东北多雪年对应高原地区少雪年。此变化完全是由于大气环流和降水所致。统计分析发现青藏高原地区冬季稳定季节性积雪的分布特征明显，年际变化起伏较大，对气候影响具有较强的指示信号。

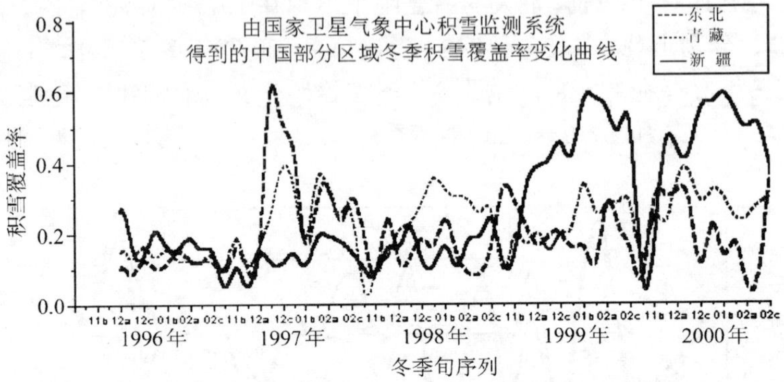


图 4.15　我国青藏高原、新疆、内蒙古和东北地区冬季雪盖年际变化

## 冬季雪灾监测

分析卫星遥感积雪资料,我们发现受冬季环流影响,我国冬季季节性积雪不仅存在着明显年际变化,而且变化起伏较大。图 4.16 是利用遥感手段获取的旬积雪资料计算的青藏高原地区(青海和西藏两省)1996～1999 年度冬季(这里选择了 11、12、1、2、3、4 共 6 个月)积雪覆盖率变化曲线。1996～1997 年冬季,该地区明显少雪,最大积雪覆盖率仅有 15%。1997～1998 年冬季则是少有的多雪年,最大积雪覆盖率超过 60%,尤其是 12 月中旬的特大暴风雪和连续的降雪、低温,导致了西藏那曲等地区的特大雪灾,致使高原积雪覆盖时间持续长达 3 个月之久。我国短期气候预测以此作为强信号之一,成功地预报了 1998 年长江中下游汛期的强降水。

图 4.17 是利用 AVHRR 资料计算得到的 1997 年 12 月西藏地区特大雪灾监测图,西藏大部分地区被雪覆盖。部分地区的持续低温和雪盖,给当地的农牧业生产造成了严重的危害。卫星遥感能够及时发现雪灾发生和变化,为救灾减灾及时提供雪情信息。

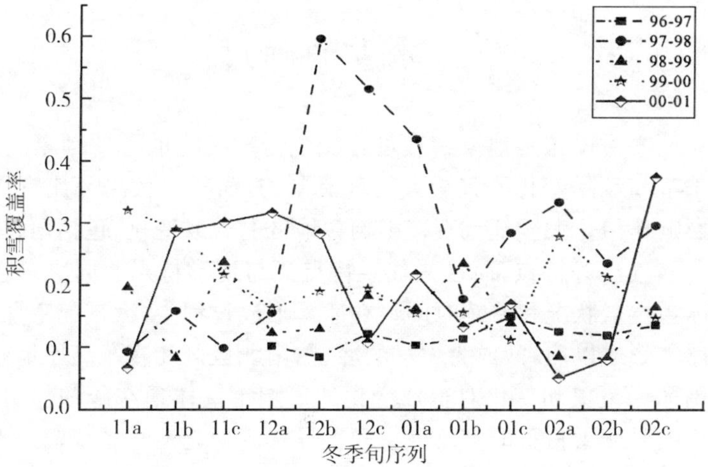


图 4.16　青藏高原地区冬季积雪覆盖率变化曲线(图中的 a、b、c 分别表每月的上中下旬)

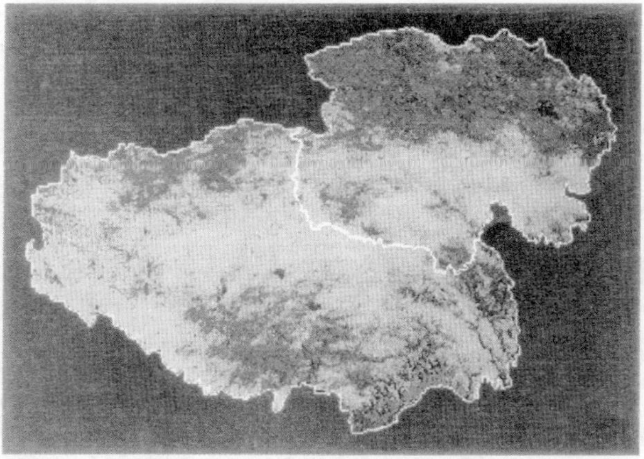

图 4.17　1997 年 12 月卫星遥感西藏地区雪灾监测图

# 冰雪的作用

冰雪覆盖是地表物理过程影响全球变化的重要因素之一，其季节和年际变化不仅受大气环流制约，而且对大气环流有重要的影响作用。大气环流直接影响各地区的气候变化，包括雨、雪、霜、冻和气温等特点，而这些气候特点又与地形特点共同决定各地的冰雪覆盖状况和持续时间。在冰雪形成过程中，大气起主导作用。冰雪形成以后，又成为大气的冷源。南北极区和青藏高原地区大范围冰雪覆盖和变化对全球变化的影响不仅体现在冷却作用，更重要的是冰雪覆盖的高反照率和低导热率引起地气系统辐射平衡的变化，地气系统辐射平衡将直接影响气候系统各圈层的相互作用。对地观测卫星是监测冰雪覆盖变化的重要工具，随着遥感技术在地球系统科学研究应用中的不断深入，卫星遥感获取的冰雪数据将在全球变化研究中发挥重要作用。

# 第五章
# 对地观测卫星对生物圈的监测

生物圈是一个巨大而又极其复杂的生态系统，是由无数个大小不等的各类生态系统所组成。构成生物圈的各类生态系统，在结构和功能上都有各自的特点，起着特殊的作用，共同维持着生物圈的正常功能，确保生态平衡。人类不仅是生物圈中的一部分，而且对生物圈中的各个生态系统起支配作用。随着人类社会的发展，尤其是工业化革命以后，全球性环境遭到破坏的程度日趋严重。必须清醒地认识到，人类不能超自然而存在，保护生态平衡，也是保护人类自己，一旦生态平衡遭到破坏，危及整个生物圈，人类自身也在劫难逃。如何保护各个生态系统、促进生态平衡已成为各国政府普遍关心的热点问题。

对地观测卫星每天对全球进行实时观测，具有较高的时间分辨率和高空间分辨率，是监测生物圈的有效工具。

## 植被生长状况监测

对地观测卫星是地球观测系统(EOS)计划的重要组成部分，该计划的目的之一是研究陆地植被在大尺度全球变化过程中的作用，以便理解地球的生态体系。这需要了解各种植被的全球分布情况及其生物物理特性、结构特性和时间、空间的变化特点。

植被生长状况的好坏可通过植被指数来反映。对地观测卫星提供了受气候和人类活动影响的大尺度植被变化进行监测、量化和研究的机会。植被影响着能量平衡、气候、水文和生化循环，可以作为气候和人文因素对环境影响的敏感指标。目前由对地观测卫星得到的植被指数已经作为全球气候模式的一部分被集成到交互式生物圈模式和生产效率模式中。它也被广泛地用于如“饥荒早期预警系统”等方面的陆地应用。

植被指数产品的一个重要特点是可以转换成叶冠生物物理学参数。植被指数在植被生物物理学参数(如，叶面积指数，绿蔽度，光合作用有效吸收辐射等)的获取方面还起着“中间变量”的作用。目前正在利用有全球代表性的地面、飞机和卫星观测的数据集研究植被指数和植被生物物理学参数的关系。这些资料可用于在卫星发射前评估植被指数算法性能，同时也提供植被指数产品与叶冠生物物理特性之间的转换系数。生物物理学资料的使用是植被指数验证计划的组成部分。

随着遥感仪器的改进，如 EOS/MODIS，其植被指数产品是在已有的植被指数的基础上改进设计的，以便使其适用于全球范围，并增强其对植被的敏感度，减少外部影响因素(如大气、观测视角和太阳角、云等)和内在的非植被因素(如叶冠背景，垃圾等)的影响。

植被指数产品将提供对全球植被状态的一致的时间和空间比较，可用于监测地球上光合作用植物的活动，以便进行变化监测和生物气候学及生物物理学的解释。如不同时间周期合成的植被指数格点图可以用来监测地球植被的季节变化和年际变化。植被指数产品将在几项对地观测系统(EOS)研究中发挥主要作用，同时也是近年来全球和区域生物圈模式产品的组成部分。

## 原理

植被指数是对地表植被活动的简单有效和经验的度量。设计植被指数的目的是要建立一种经验的或半经验的、强有力的、对地球上所有生物群体都适用的植被观测量。植被指数是无量纲量，是利用叶冠的光学参数提取出的独特的光谱信号(特别是在红色和近红外光谱区的信号)，适用于开展对植被活动的辐射度量。其主要优势是简单，除了辐射观测之外，不需要其他的辅助资料，也没有假设条件。问题的关键就是如何有效地综合各观测通道的信息，在增强植被信号的同时使非植被信号最小化。

许多研究表明红色通道和近红外通道反射能量与地表植被量有关。由于光合作用植物叶绿素对光的吸收，随着植物的成长，反射的红光能量降低。另一方面，健康植物对近红外波段的辐射吸收很少，反射的近红外波段的能量随着植物的成长而增加。但由于被植物叶冠反射并到达卫星传感器的辐射量与太阳辐射、大气条件、非光合作用植物、叶冠背景、叶冠结构和成分等许多因素有关，所以不可能使用单一的光谱测量来量化植物生物物理学参数。这个问题可以用 2 个或更多通道辐射资料的组合建立综合“植被指数”的方法来解决。

经验性的植被指数是根据叶子的典型光谱反射率特征得到的(图 5.1)。由于色素吸收在蓝色(470 nm)和红色(670 nm)波段最敏感，可见光波段的反射能量很低。而几乎所有的近红外(NIR)辐射都被散射掉了(反射和传输)，很少吸收，而且散射程度因叶冠的光学和结构特性而异。因此红色和近红外波段的反差(对比)是对植物量很敏感的度量。无植被或少植被区反差最小，中等植被区反差是红色和近红外波段的变化结果，而高植被区则只有近红外波段对反差有贡献，红色波段趋于饱和。将两个(或多个)光谱观测通道组合可得到植被指数，这一指数在一定程度上反映着植被的演化信息。通常使用红色可见光通道(0.6～0.7 μm)和近红外光谱

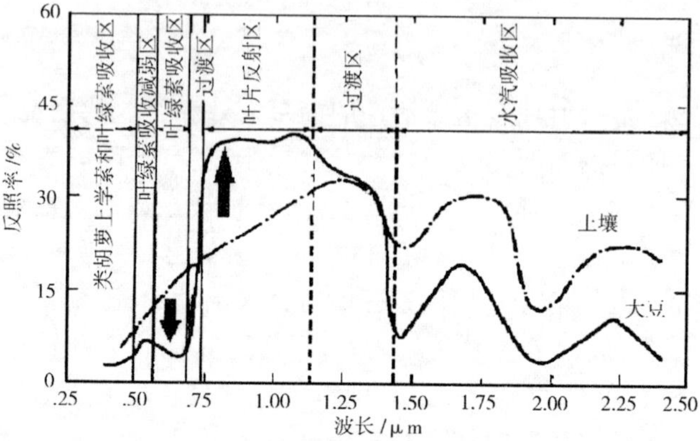


图 5.1 光合作用敏感的叶子和土壤的光谱反射对比图

通道(0.7～1.1 μm)的组合来设计植被指数。

最早的植被指数是由 Jordan 于 1969 年提出来的，称之为比值植被指数(RVI)，即 RVI＝$X_{nir}/X_{red}$，但对于浓密植物，反射的红光辐射很小，RVI 将无界增长。

Deering(1978)提出如下形式的“归一化差分植被指数”(NDVI)，将比值限定在[－1,1]范围内：

$$NDVI=(X_{nir}-X_{red})/(X_{nir}+X_{red})$$

这里 $X$ 可以是卫星接收的辐射、大气层顶显式反射率，地表辐射率，地表反射率或半球光谱反照率等的计数值。对于不同的下垫面目标，NDVI 的值有很大的区别，如对云、水体和雪，NDVI 值一般为负值；对岩石和裸土，NDVI 值在零附近。

Kaufman 和 Tanre 发展的大气修正植被指数(Atmospherically Resistant Vegetation Index，ARVI)。通过利用蓝色和红色通道的辐射差别修正红色通道的辐射值，减少植被指数对大气性质的依赖。Myneni 和 Asrar 用模拟资料进行的敏感性研究表明，ARVI 确实减低了大气的影响，与地面观测到的 NDVI 更接近了。

$$\mathrm{ARVI}=\frac{\rho_N^*-\rho_{rb}^*}{\rho_N^*+\rho_{rb}^*}$$

Liu 和 Huete 发现土壤和大气的影响是相互作用的，消除其中的一个可能会增加另一个。因此，引入一个反馈项来同时对二者进行订正，这就是增强植被指数（EVI，Enhanced Vegetation Index）。EVI 是用土壤调节系数，$L$ 项、及两个参数 $C_1$，$C_2$ 对 NDVI 进行修正的植被指数，其中参数 $C_1$ 和 $C_2$ 描述了用蓝色通道对红色通道进行大气气溶胶散射修正。

$$\mathrm{EVI}=\frac{\rho_N^*-\rho_R^*}{\rho_N^*+C_1\rho_R^*-C_2\rho_B^*+L}(1+L)$$

Choudhury 等人在 1987 年提出了用被动微波资料来计算植被指数，并称之为微波偏振差分指数（Microwave Polarization Difference Index，MPDI），该指数实际上是频率为 37 GHz 通道观测得到的垂直极化和水平极化的亮温差。研究表明，该指数在植被比较稀疏时较 NDVI 更为敏感。

目前高光谱技术也用于植被生长的研究中，其主要原理是利用不同植被在各自生长时期的光谱特征来对植被进行监测分析。在拥有高光谱数据库基础上，同时还需要处理非常巨大数据量，因此进行业务化应用难度较大。

## NDVI 及其资料处理

由于利用了植被冠层对电磁波谱中红色和近红外两个波谱段反射能量的光谱对比特性，NDVI 对植被测量是强有力的，同时也很敏感。目前，在已有的 40 多种植被指数定义中，只有 NDVI 得到了广泛应用。这里，部分原因是"比值"的特有属性，通过比值可以消除大部分与太阳角、地形、云/暗影和大气条件有关的辐照度条件的变化，增强了 NDVI 对植被的响应能力。

利用像 AVHRR，MODIS，SPOT4-VEGETATION，Sea WiFS 等这些中低分辨率的传感器进行观测时，太阳光照角度和观测视角以及云的条件的变化都很大,因此得到的是来自地表的双向反射率信息。要构造植被指数(VI)的季节性的时间曲线,需要把给定时间段内的几张 VI 图像合成为一张晴空的 VI 图像,并且要使大气效应和角度效应的影响最小。

目前为人们所接受的 AVHRR-NDVI 合成产品处理方法是最大值合成方法(MVC):该方法通过云检测、质量检查等步骤后,逐像元地比较几张 NDVI 图像并选取最大的 NDVI 值为合成后的 NDVI 值。

MVC 在近朗伯体表面的假定条件下效果很好,这时像元的变化主要是大气污染和光学路径的变化所引起的,但是它的主要缺点是不适用于各向异性表面。已有大量的文献记载各种地表类型因叶冠结构、阴影和背景贡献等都能导致双向光谱特性。比值植被指数并不能消除依赖于双向反射率分布函数(BRDF)响应的表面各向异性。大气通过增加远离星下点的观测像元的光学路径抵消地面双向反射率分布函数(BRDF)信号。前向散射产生较高的 NDVI 值,后向散射则相反。因此所选择的 NDVI 最大值与地表和大气的双向特性有关,即当朗伯体为各向异性表面所取代时,MVC 选择结果变得不可预料。MVC 倾向于选择最"晴空"的像元,但不一定必然选择最接近于星下点、大气污染最小的像元。尽管如果对资料进行了大气订正,NDVI 倾向于增加,但最大的 NDVI 并不一定是大气订正最好的指标。许多研究显示 MVC 方法有时选择了有较大前向视角和较大太阳天顶角的远离星下点的像元,而并不总是无云晴空的像元。大气修正算法改进以后,地面双向反射问题会更加突出。尽管有各种不一致的结果,MVC 方法对于未作大气订正的资料还是最好的方法,也是目前业务上使用的主要方法。

采用 MVC 方法对 NDVI 进行合成的时间周期一般为 7 天或 10 天,这不能完全消除云和某些噪音的影响。在一般情况下,NDVI 的变化应是平稳的。如发生剧烈波动,说明是受外界的干扰所至，如天气系统等。因此在生成NDVI产品的同时采用相邻点滑动滤波，防止选择虚假的最大值和最小值，从而减小NDVI时间序列噪声。常用的方法是5点中值滤波。5点中值滤波是针对植被的这一特性设计的。其过程为：选取5个连续的时间段资料，提取同一像元在各个时间段中的值并进行比较，取中间值作为第三时间段该像元的值，其他时间段的资料依次类推。这种方法实际上是一种时间序列滤波。

全球性应用要求植被指数不仅计算方式一致，而且其结果具有时间和空间的可比性。尽管已经证实NDVI在地表状态及其变化监测和估计生物物理学植被参数方面是有用的，但研究也表明NDVI的某些局限性可能会影响它在全球研究中的使用。这些局限性包括：定标和仪器特性；云和云影；由于可变的气溶胶、水汽和残存云产生的大气效应；太阳目标传感器的几何结构及其产生的在与角度有关的信号方面地面和大气的各向异性的相互作用。除了这些外部影响还有一些内在的因素限制这植被指数的使用和解译：叶冠背景的污染，这时背景反射信号改变了NDVI值，包括潮湿地面、雪、枯叶、粗糙度、土壤类型等因素；对浓密植被的数量和类型变化NDVI值保持不变的所谓“饱和”问题。

通过大气对植被指数影响研究表明，大气降低了红色和近红外反射信号的对比度，从而减少了NDVI的值。红色波段的信号通常由于散射、上行路径辐射中大气的贡献而增强，而近红外信号由于散射和水汽吸收等大气衰减作用而减弱。净效果是NDVI信号的下降和地表植被量被低估。NDVI信号衰减与大气中气溶胶含量有关，大气越浑浊，衰减越大。大气效应对NDVI值的影响以气溶胶最严重(0.04～0.2)，其次是水汽(0.04～0.08)，再次是瑞利散射(0.02～0.04)。大气影响可以用直接和间接的方法来修正。在知道大气成分分布状况的前提下，利用一定的辐射传输模式，对卫星观测资料进行修正，从而实现植被指数的大气削弱修正。有些科学家通过利用蓝色和红色通道的辐射差别修正红色通道的辐射值，减少植被指数对大气性质的依赖。用模拟资料进行的敏感性研究表明，这种方法确实减低了大气的影响，与地面观测到的 NDVI 更接近了。

在植被指数时间序列应用中，另一个问题是由同类卫星的不同观测时间和轨道漂移引起的。用于环境监测的植被指数序列往往是由几颗不同时间段的卫星资料处理得到，因此，对这些资料的归一化处理非常必要。对于同一颗卫星，工作寿命一般为 4 至 6 年，其轨道时间漂移可达 3 至 4 小时，由此使太阳高度角发生很大变化，造成卫星观测计算的植被指数有一定的差异。如在沙漠地区，植被指数随轨道漂移有增加的趋势，而在高植被区（热带雨林），植被指数有下降的趋势，这一现象与实际情况是不相符的。造成这种现象的原因是各种地表类型因叶冠结构、阴影和背景贡献引起的双向光谱特性不同，比值植被指数并不能消除依赖于双向反射率分布函数(BRDF)响应的表面各向异性。虽然有学者对植被的双向反射率特性进行了研究试验，但目前没有业务化方法可供使用。

另一个主要问题是不同种类卫星得到的 NDVI，其值往往有一定的的差异。如 AVHRR 和 MODIS 资料，二者选择的观测通道的波长宽度不一样(见表 5.1)。

**表 5.1 MODIS 和 AVHRR 通道 1、2 比较**

| 波段范围<br>探测器 | 通道 1 | 通道 2 | 星下点分辨率 |
|---|---|---|---|
| MODIS | 0.620～0.670 μm | 0.841～0.876 μm | 250 m |
| AVHRR | 0.580～0.680 μm | 0.725～1.100 μm | 1100 m |

由彩图 14 可以发现，由 MODIS 生成的植被指数 NDVI 值要比基于 AVHRR 生成的 NDVI 值高，且层次更丰富。造成这一结果的原因就是 MODIS 通道波段设置要窄于 AVHRR，使得 MODIS 对叶绿素的吸收更加敏感。

由于影响植被指数的因子众多，在订正和使用时应视具体情况和需要来加以处理。

## 植被指数的分布特征

植被指数的分布与陆地表面生态系统紧密相连。一般情况下，岩石和裸土的 NDVI 值在零附近，茂密的森林，如热带雨林等，其 NDVI 值可达 0.60 以上；对于农作物生长区，NDVI 值随作物的不同生长时期出现较大的变化。

全球植被指数分布随季节有非常明显的变化（见彩图 15）。在冬季（1 月），北半球除热带地区外，其它地区的植被指数都很低，其值一般小于 0.20。南半球则恰好相反，除澳大利亚沙漠和安第斯山脉外，其它地区植被指数都较高，出现一年中的最大值。到春季（4 月），南半球的植被指数有所下降，但变化幅度不大；北半球的植被指数明显上升，主要表现在中纬度地区开始变“绿”，如北美、欧洲和我国的华北地区。夏季（7 月），南半球植被指数进一步下降，而北半球的植被指数达到最大值，如我国的大、小兴安岭，西伯利亚平原，美国的五大湖区等，植被指数都在 0.60 附近。我国的华北、华东、华中和华南地区的植被指数也是一年中最好的，表明该季节是作物生长最为旺盛的时期。我国西部部分地区出现一年中最大范围“绿洲”。另外，非洲的热带雨林及其过渡带北移，且带状分布明显。秋季（10 月），北半球植被指数迅速降低，中高纬地区尤为明显，南半球部分地区植被指数开始有所回升，但变化幅度不大。

对于低植被指数的沙漠地区，如我国塔克拉玛干沙漠、非洲的撒哈拉沙漠、中东的内夫得沙漠和鲁卜哈利沙漠、印度大沙漠和澳大利亚大沙漠，其植被指数一年中几乎不变，NDVI 值始终保持在在零附近。对于一些高植被指数地区，如东南亚热带雨林、非洲热带雨林、南美洲亚马逊热带雨林及北美洲热带雨林，由于一年中植被基本不受太阳南移北撤的影响，其 NDVI 值始终保持在较大值，约在 0.45 以上。

植被指数的变化不仅与季节变化有关，也与下垫面的作物类

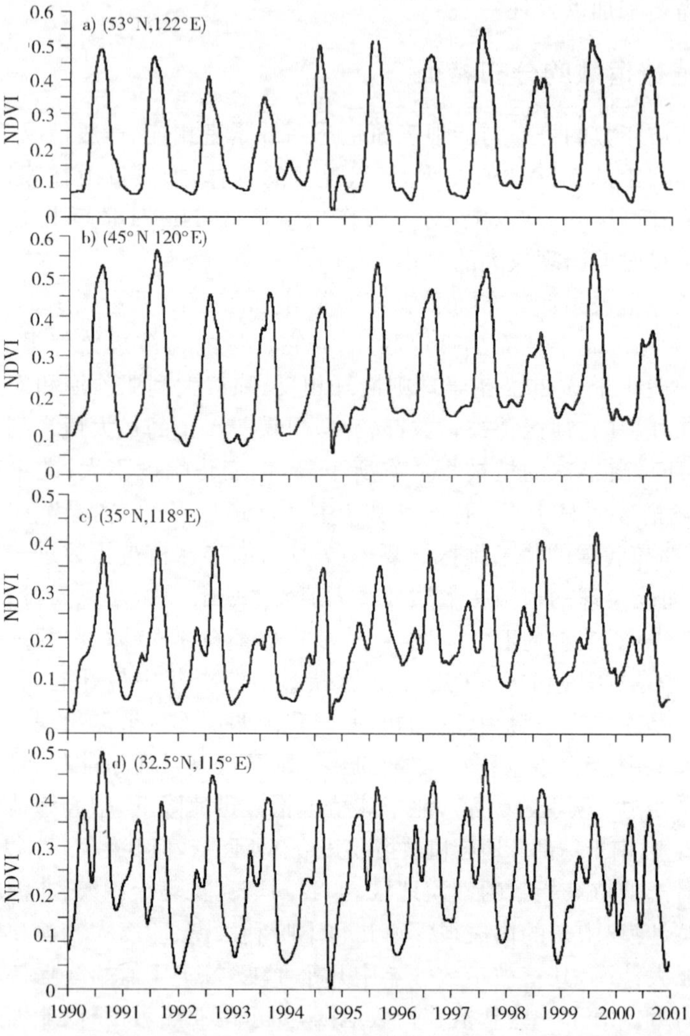


图 5.2　部分典型下垫面地区植被指数(NDVI)随时间分布。其中,(a)东北林区,(b)内蒙古草原,(c)华北小麦产区,(d)长江中下游地区。纵坐标为植被指数值,横坐标为年份

型有关。图 5.2 a、b、c、d 分别为我国东北林区、内蒙古草原、华北小麦产区和长江中下游地区。不难发现，东北林区和内蒙古草原一年中植被指数基本呈单峰型分布，最大值出现在夏季，最小值出现在冬季。对于华北小麦产区（图 5.2 c），其植被指数基本呈双峰型分布，且后半年的 NDVI 峰值要远高于前半年的峰值，这与该地区农作物的种植类型有很大的关系，同时可以基本肯定该地区每年有二茬作物。长江中下游地区（图 5.2 d）的植被指数基本呈双峰和多峰型分布，该地区以水稻种植为主，每年一般有一至二茬水稻，外加一茬小麦，故 NDVI 值出现多个峰值。

由此可见，卫星资料计算得到的植被指数，基本反映了植被的生长状况，即植被的物候特征，由此产生了许多实际应用，如产量评估和干旱监测等。通过生成较长时间序列的 NDVI，找到基准年的 NDVI 分布；分析、比较与其它年份 NDVI 的分布特征关系，同时加入农情观测资料，确定两者的相关性，即可建立作物长势监测系统，进行产量评估和农作物干旱发生程度。

## 火灾监测

随着社会的发展，人们日益关注森林、草场火灾及季节性燃烧对气候和经济的影响，迫切需要对其进行监测。1998 年，全球火灾监测中心（Global Fire Monitoring Center，简称 GFMC）成立，其主要目的是让世界各国通过 Internet 分享其火灾监测的成果，发展和规范全球火灾监测的方法，并为其它科学组织提供各种火灾监测产品。

采用航空监测火灾的手段是不经济的，而且也难以覆盖所有地区。自有了对地观测卫星，这种大范围乃至全球的火灾监测成为可能。星载扫描幅宽、每天覆盖全球的高温传感器，是提供大面积火情监测高效、经济的主要手段。

火对生物圈有着极其重要的影响力。火是许多陆地生态过程中的一个重要过程；同时，生物燃烧时释放出的气体和颗粒物对发生在大气中的物理和化学过程有重要影响。火对于热带大草原、北部森林和苔原环境区有着深远的影响，并且是热带和亚热带森林毁坏的主要制造者。此外，一些零星的很强的火也出现在许多森林、草场和荒原等生态群落。监测森林大火发生的位置和燃烧范围以及与此有关的影响是全球变化研究计划的重要组成部分。

火灾往往改变了植被的物理状况，向大气中释放出多种温室气体。目前，这些温室气体源和汇的重要性还有很大的不确定性。如考虑到热带森林和农业过程的清洗和转化后，每年大气中 $CO_2$ 净排放量大约只占大气中 $CO_2$ 年净增长量的 30%。另外，区域性火灾会对不同的气候变化区引起不同的反应。比如：北半球平均气温的升高将导致自然火灾次数的减少，反之会增加荒漠森林和苔原生态系统的火灾次数。相反的情形，会导致这些生态系统中碳存储量的明显减少。

生物燃烧过程中释放出的化学反应气体严重影响着对流层中的化学过程。热带地区，生物燃烧对对流层中臭氧的区域性和全球性分布的强烈影响已有所认知，并且和酸性物质的沉积有关。研究表明，自然发生的森林火灾、人为的毁林行为以及人类对大草原的规划管理，形成诸如：$NO$，$CO_2$，$CO$，$O_3$，$NO_X$，$N_2O$，$NH_3$，$SO_X$，$CH_4$ 和其他无机化合物等痕量气体，同时也是气溶胶的丰富来源。

全球初步估计结果表明，对流层中 38%的 $O_3$；全球 32%的 $CO$；20%的氢氧化物、非甲烷类碳氢化合物、甲基氯化物、氮氧化物；和大约 39%的有机碳颗粒物都与每年的生物燃烧有关。据估计，每年全球生物燃烧事件中有高达 70%～80%的事件发生在赤道和亚热带地区。在南美、东南亚和非洲撒哈拉周围，许多最严重的生物燃烧事件都与毁林和草场管制有关。赤道地区接收到的可见和紫外辐射量最大，这些成为大气环流的最基本的驱动力。由于热带地区的大多数燃烧事件都局限在某一燃烧季节，因此放射物的时空分布对热带的大气化学和气候以及全球痕量气体释放量的增加有着显著的影响，气溶胶烟尘又会直接或间接地产生辐射效应。

火灾期间烟尘和其他颗粒物的释放，带来火灾下风方对流层中显著的物理变化。首先，就单次反照率而言，颗粒物能够产生气候的变冷和变暖。其次，火灾产生的粒子能影响云的微物理和辐射特性。这些粒子成为云凝结核，结果导致云覆盖量的增加，同时也产生了更多的反射云。云覆盖量的增加会导致大气温度的降低。

自然火灾以及与火灾有关的其他过程对陆表与大气之间能量和水分的交换有影响。过火区的地表反照率减少，使到达局地和区域尺度土壤层的太阳辐射增加。进而使地表温度增加。地表温度的变化会影响许多过程，其中包括营养和水分的实效以及微生物的呼吸。火灾过程中植被冠层的破坏会减少土壤水分的蒸发和蒸腾损失总量，特别是会导致更多的水分流失。热带雨林中，与生物燃烧有关的陆地垦荒过程中，已经导致了明显的区域降水总量的减少、地表径流的增加、土壤侵蚀以及河流沉积。火灾过程同时会使火灾的下风区域降水总量减少。首先，火灾所释放出的烟尘会成为云的凝结核，在云中形成更多的水滴；但这些水滴往往比热带地区云中常见的水滴小，并且会导致底层的降水。其次，土地经火烧后会使森林转变成稀树大草原。

以草地为主的大草原其土壤水分的蒸发、蒸腾损失总量比树生草原低很多，结果导致进入大气的水分的减少。最后，热带稀树大草原更容易受到地表径流的影响，结果会使更多的降水流入河流。另外，曾经覆盖有植被的热带森林，一旦森林受毁，土壤表层裸露，就会使得他们易受侵蚀，同时会使沼泽和河流水系产生沉积。北部森林的情况取决于永久冻土带的溶解和构成以及火灾的出现，这些对当地的水文地理有很强的影响。在北部林区，火灾影响了大气与地表层之间的能量输送。首先，火灾烧毁了大部分遮蔽地面的植被覆盖层，因此增加了到达地面的太阳辐射能。其次，地表反照率降低，地面吸收的能量增加。第三点，火去除了许多隔绝地面的无机物。永久冻土地带的黑色云杉林过火一年后温度会有5到7度的升高,进而引起永久冻土地带的融化,使目前土壤层的湿度增加。过火区域对地面层的影响会依冻融层的厚度而持续15到25年。在火灾过后的几年中,由于永久冻土地带的融化和植被蒸散量的减少会使地表层的湿度有所增加;但几年后,当活动层变深时,地表层的水分会下泄,湿度下降。经过20到25年,最后随着植被层的重构,腐殖质层的增加,地面层变冷。当水分下渗量减少时,活动层会逐渐变得浅薄。

火灾对陆地生态系统有许多直接和间接的影响。首先是火的类型(其中包括火的空间分布、火复燃的时间间隔和火燃烧的剧烈程度)直接控制了燃火区植物群落的发展。火对那些能适应火灾的植物和树种有利(例如:植被繁殖、耐火种子和果球的生成)并同时使那些耐火性差的植物数量减少。其次,火直接影响了植物群落发展的多种方式,其中包括(1)由于灰烬的肥料化和土壤中腐植质的增加而带来的主要植物营养物质的增加;(2)表面径流和土壤滤除作用的增强而使得主要植物营养物质减少;(3)土壤温度和湿度的改变。最后,火灾释放出气体的化学反应使得大气中臭氧的含量增加,同时在火灾区的下风方又有酸性物质沉积,这样会影响到这些地区植物的生理学特征和生态系统。

## 原理和方法

火灾监测实际上是对卫星观测到的下垫面高温目标的识别。地面高温目标通常由卫星携带的扫描辐射仪观测的资料经过一定的加工处理得到。美国NOAA极轨卫星和我国风云一号极轨气象卫星,都装载着这种先进的扫描辐射计,即AVHRR。通常情况下,该仪器有5～10个探测通道。表5.2为我国风云一号02批极轨气象卫星AVHRR十通道分布情况。由表可知,通道3的主要用途之一就是识别地表热源。由于该通道波长位于3.7 μm附近,该波段对高温目标非常敏感(见图5.3)。在给定的温度增量下,通道3

区间的面积增量比热红外通道4(11 μm)要大得多。对于高温目标,最大黑体辐射响应移向通道3,使通道3获得更多的能量信息,从而更加容易识别高温热点。

**表5.2　AVHRR通道分布特征和主要用途**

| 通道1 | 波段范围(μm) | 动态范围 | 主要用途 |
|---|---|---|---|
| 1 | 0.58～0.68 | 0～100% | 天云、冰、雪和植被 |
| 2 | 0.84～0.89 | 0～100% | |
| 3 | 3.55～3.93 | 180～350 K | 热源、晚间云 |
| 4 | 10.3～11.3 | 180～330 K | 海面温度、白天/晚间云 |
| 5 | 11.5～12.5 | 180～330 K | |
| 6 | 1.55～1.64 | 0～90% | 土壤湿度、云/雪判识 |
| 7 | 0.43～0.48 | 0～50% | 海洋水色 |
| 8 | 0.48～0.53 | 0～50% | |
| 9 | 0.53～0.58 | 0～50% | |
| 10 | 0.90～0.985 | 0～90% | 水汽图像 |

通常情况下,并非所有的热点都是火点,如一些工厂的烟囱,地面异常热源,噪音点等。为排除这些异常热点和固定热源的信息,在综合利用各通道卫星资料的同时,往往需要加入一些其他辅助信息,如地理信息数据,以确定下垫面的类型,提高火灾监测和评估的正确性和可靠性。

不同的对地观测卫星,由于选择的光谱通道不一样,火灾监测的方法也不一样,即使是同一卫星,科学家们通过研究,发现了多种有效的监测方法。

AVHRR通道的探测数据都可作为基础数据用于火灾探测。大多数算法都只涉及到基础数据,如通道3和4的亮温($T_3$、$T_4$)及二者的温度差($DT_{34}$),以及一些有关空间窗中背景特征的参量。下面首先就利用AVHRR资料对火灾监测方法作简要说明。这些方法可以分为固定阈值法、空间分析法以及Lee和Tag分析法。

1)固定阈值法　应用各种固定阈值来确定某一像素是否可以归类为火灾像元的方法有很多,常用的是应用通道3和通道4亮温差($DT_{34}$)的单阈值方法。有时也需要附加通道3或通道4的亮

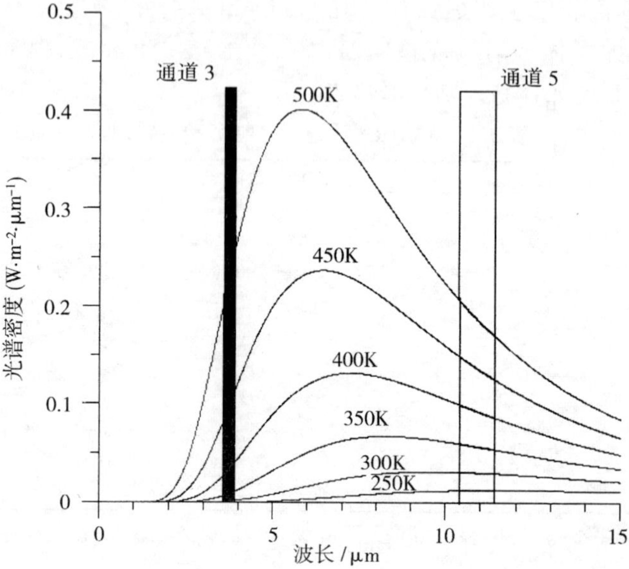


图 5.3　温度为 250～500 K 的普朗克辐射光谱密度

温资料。

Flannigan 和 Vonder Haar（1986）对林区所做的分析包括如下步骤：

i) $T_3 > T_{3b}$；ii) $T_4 > T_{4b}$；iii) $DT_{34} > 8$ K（夜间时段），$DT_{34} > 10$ K（白天时段）

其中 $T_{3b}$和 $T_{4b}$取周围像素的平均值，前两项说明火点比背景热。第三项 $DT_{34}$确定了一个对比的阈值。白天由于反射和地面的加热作用，阈值要高一些。这一方法中包含了 $T_{3b}$和 $T_{4b}$的空间分析，之所以把它划归到这一类，是因为此方法的关键一第三点的阈值是固定的。云检测应用 Coakley 和 Bretherton 的方法单独进行。

Kaufman 等人在探测发生在巴西的森林大火时，用到如下阈值：

i) $T_3 \geqslant 316$ K；ii) $DT_{34} \geqslant 10$ K；　iii) $T_4 > 250$ K

第一项检测保证了像素足够高的温度；第二项所用的方法与 Flannigan 和 Vonder Haar 的方法相同；第三项是为了滤云，一般云在通道 3 可以有反映，同时它在通道 4 又比较冷。单独应用通道 3 做阈值来判断火灾时，从所做的试验来看，有时还需要利用通道 1 来分析火灾烟羽。

Franca 等人用到下面的 5 个判据来判识发生在西非荒原白天时段的火灾：

i) $T_3 > 320$ K；ii) $DT_{34} \geqslant 15$ K；iii) $T_4 > 287$ K；iv) $0 \leqslant DT_{45} \leqslant 5$ K；v) $A_1 < 9\%$

其中 $A_1$ 是通道 1 的反射率，$DT_{45}$ 是通道 4 和 5 的亮温偏差。前三项测试类似于 Kaufman 的方法，后两项测试增强了算法的滤云能力，尤其是次网格云的滤除。

上面介绍的固定阈值技术都进行了一些真实性检验，检验的结果都很好。固定阈值技术对某些特定区域而言，似乎是简单而又有效。但每一组固定阈值都只适用于某些特殊区域。如果将算法应用于其他区域往往需要做某些调整。

2）空间分析技术　这一技术用到了可变的阈值，这一阈值可以通过对某一像素点及其周围区域空间分析窗内数据的统计分析来获取。这一方法与下面将要提到的 Lee 和 Tag 的方法有显著的不同，方法中的阈值是经验性、具有统计意义的，而 Lee 和 Tag 的方法中的阈值是通过理论计算得到的。Prins 和 Menzel 提出的应用 GOES/VAS 数据进行的自动火灾判识方法就是空间分析方法的一个实例。NASA 使用 AVHRR 的 1 km 分辨率资料，建立了类似的方法。这些方法中都包括有将 $DT_{34}$ 值与某一阈值进行比较的过程。阈值是空间分析窗中 $DT_{34}$ 标准差的函数。NASA 的判识标准如下：

i) $T_3 \geqslant 316$ K；ii) $T_4 \geqslant 290$ K；iii) $T_3 > T_4$

这一判识标准将待判识的像素数目减少了很多，节省了大量运算时间。对于有可能是火点的像素，再进一步将其 $DT_{34}$ 值与取决于背景特征的阈值进行比较。阈值等于背景像素$DT_{34}$的平均值加上两倍的背景像素的标准差,同时还应满足$DT_{34} \geqslant 3$ K。如果待判识像元的$DT_{34}$大于阈值,就将其归类为火点像元。在计算背景的统计特征量时,要滤除可疑的火点像元。背景分析窗的大小可以根据需要从 3×3 取到 21×21,直到有 25%的背景像素可以参加统计特征分析。如果背景资料不能进行统计特征分析,那么这一点就不能被归类为火点像元。

3)Lee 和 Tag 分析法　这里介绍的 Lee 和 Tag (1990 年)技术在使用时要做某些调整。将调整后的通道 3 亮温与某一阈值做比较,这一阈值是以逐个像素为基础来定的。阈值是背景温度和通道 4 亮温的函数,背景温度和通道 4 亮温可以借助于 Dozier 模式来确定。这一方法可以分为三步:

第一步:背景温度及亮度温度调整量的计算。

(1) 对被测试像元周围邻边像元的亮温求取平均,每个红外和近红外通道分别求取平均值,这样可以得到三个背景温度$T_{3b}$,$T_{4b}$和$T_{5b}$;

(2) 采用 McClain 等人(1985 年)的大气订正算法。用$T_{3b}$,$T_{4b}$和$T_{5b}$来估算背景的地面温度$T_b$;

(3) 根据$T_{3b}$, $T_{4b}$和$T_{5b}$与$T_b$的差来确定出三个订正因子;

(4) 将订正因子加到观测的通道亮温值中,得到调整后的通道 3、4 亮温值$T_{3^*}$和$T_{4^*}$。

第二步:计算通道 3 的亮温阈值。

这里用到 Dozier 模型来处理有关的地表参数,其中包括火灾面积、火区温度和背景温度。火灾温度阈值 Tmin 要依据特定的火灾特性来定。

第三步:如果调整后通道 3 的亮度温度($T_3$)高于阈值,那么就可以认为该像元为火灾像元。

应用 AVHRR 资料进行火灾判识的最大局限就是,它只能用于无云的晴空区。影响 AVHRR 红外通道的因素很多,这给火灾探测带来很多麻烦。这些影响因子包括地面对 3.7 μm 波段太阳辐射的反射、大气中水汽的影响和次网格云的影响；AVHRR 的扫描方式会使得像素的大小发生变化，同时会出现像素重叠现象。

1999 年 12 月 18 日，地球观测系统(EOS)的第一颗先进的极地轨道环境遥感卫星 TERRA 顺利升空，其丰富的观测数据将为全球环境和气候变化研究提供大量的、系统的、连续的地球观测信息。可用于火灾探测的 MODIS 波段信息见表 5.3。MODIS 火灾监测方法是在 AVHRR 等仪器的监测方法基础上发展起来的。由于 MODIS 仪器有很高的信噪比和量化等级，因此该资料已被广泛使用。下面就利用 MODIS 数据进行火灾监测的方法作简要介绍。

**表 5.3 可用于火灾探测的 MODIS 波段信息**

| 通道 | 光谱分辨率 | 饱和量 | 像素中饱和部分所占的份额 | |
|---|---|---|---|---|
| | | | 1000 K | 600 K |
| 1.65 μm | 500 m | $\rho=1$ (740 K) | 0.05 | 未饱和 |
| 2.13 μm | 500 m | $\rho=0.8$(570 K) | 0.007 | 0.65 |
| 4 μm | 1000 m | 500 K | 0.025 | 0.30 |
| 11 μm | 1000 m | 400 K | 0.07 | 0.25 |

首先，在对所有陆地像素提取火灾信息时，用 MODIS 的云检测算法确定云。如果厚云在通道 1(0.62～0.67 μm)的反照率大于 0.2，那么就可以认为不会有火灾信号穿过这些云。同时将扫描角限制在 45°之内。

其次，进行大气订正。应用 $T_4$ 和 $T_{11}$ 的组合来订正气体的吸收。小块云会减小 11 μm 通道火灾的温度，并且会影响这一通道的水汽订正。

第三，需要建立被监测点与其周围像素点温度间的关系。周围像素点用于背景温度估计。在此方法中，假定火灾像素背景温度与周围像素温度间的相关性随像素间距离的增加而减小。确定背景温度时，要求所有分析点中要有不低于 25%的点为非火像元，分析区的大小可调，直到 25%的要求达到满足。提取背景信息时滤除火点的条件为：$DT_{41} = T_4 - T_{11} \geqslant 20$ K（夜间为 10 K）；$T_4 > 320$ K（315 K）。排除这些火点后，就可以得到 11 μm 通道的背景温度（$T_{11b}$）和它的标准偏差（$DT_{11b}$）。用同样的方式，可以计算得到 $T_{4b}$ 和 $DT_{4b}$。进一步，可以计算 4 μm 和 11 μm 两个通道背景温度偏差的中值（$DT_{41b}$）和标准偏差 $\delta(DT_{41b})$。

第四，火灾判识。当满足 $T_4 < 315$ K（夜间 305 K）或 $DT_{41} < 5$ K（3 K）时，像素被认为不是火点。如果标差（$DT_{4b}$和 $DT_{41b}$）小于 2 K，那么就用 2 K 来代替。如果一个像素点满足如下的条件时，就可以将该点确认为火点：

对白天：当 $T_4 > 360$ K 或

$T_4 > T_{4b} + 3\delta(T_{4b})$ 或 $T_4 > 330$ K 且满足

$DT_{41} > DT_{41b} + 3\delta(DT_{41})$ 或 $DT_{41} > 25$ K

对夜间：当 $T_4 > 330$ K 或

$T_4 > T_{4b} + 3\delta(T_{4b})$ 或 $T_4 > 315$ K 且满足

$DT_{41} > DT_{41b} + 3\delta(DT_{41})$ 或 $DT_{41} > 10$ K

第五，耀斑的滤除。白天如果 0.64 μm 和 0.86 μm 二通道的反射率都大于 0.3（相当于 4 μm 通道的亮温达到 312 K），且耀斑角小于 40°，一般就可以排除这点是火点的可能性了。

## 初步结果

自对地观测卫星业务化运行以来，许多国家在火灾监测中都取得了许多成果，为全球环境和灾害监测作出了重要贡献。

美国是利用卫星进行火灾监测的最早国家，目前用多种卫星资料开展火灾监测，如 NOAA/AVHRR，GOES，EOS/MODIS、国防气象卫星等。目前对全球公开的产品主要是由 EOS/MODIS 生成的火灾监测产品，包括日产品、8 天合成产品，10 km 和 50 km 月格点统计产品等，后者适用于全球气候模式应用。

MODIS 对 10×10 km 及 0.5°× 0.5°两种火灾产品进行火灾分级，其主要参考标准是 4 μm 通道的亮温。火灾分级标准见表

5.4。过火面积的估算是根据 1 km 分辨率的 8 天和月平均产品来计算得到。

**表 5.4　MODIS 火灾产品分级标准。**

| 等　级 | 标　准 |
|---|---|
| 0 | $T_4 < 315$ K |
| 1 | 315 K $< T_4 <$ 320 K |
| 2 | 320 K $< T_4 <$ 325 K |
| 3 | 325 K $< T_4 <$ 335 K |
| 4 | 335 K $< T_4 <$ 350 K |
| 5 | 350 K $< T_4 <$ 400 K |
| 6 | 400 K $< T_4 <$ 450 K |
| 7 | 450 K $< T_4 <$ 500 K |

加拿大科研人员利用卫星遥感数据，结合常规火灾观测资料，对其国内 30 年森林草场火灾发生频率和过火面积进行了统计（见图 5.4），发现由人类活动引起的火灾比诸如闪电等引起的火灾次数稍多一些。但由自然引起的火灾，其燃烧面积相比之下要大得多。

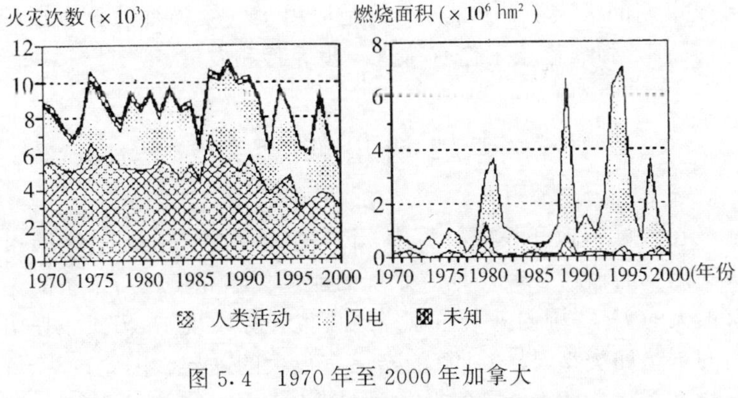


图 5.4　1970 年至 2000 年加拿大国内火灾发生频率和过火面积随时间分布

中国气象局国家卫星气象中心于 1985 年开始利用 NOAA/AVHRR 资料开展森林草场火灾监测业务研究工作，并于 1986 年

4月13日首次监测到内蒙古草原火灾。同年开始向有关部门进行监测服务。经过有关科技人员的不懈努力,边服务边研究,火灾监测水平不断提高。先后开发了多通道火情监测彩图色合成图,火点精确定位,火点自动识别,子像元火点面积估算,过火面积计算等技术,并结合地理信息系统,对火点性质(林区火、草原火或农田火)和所处行政区划进行自动判识。目前,对火灾监测专题图像和报告的制作在卫星资料接受后半小时内即可完成,并及时发往有关部门,为扑灭大火赢得时间。自开展森林草场火灾监测业务以来,每年向森林、草场防火部门提供2000多个火点信息,每次重大火情都得到实时监测。让人们记忆犹新是1987年5月发生在东北大兴安岭的特大森林大火,在大火燃烧的26天中,卫星监测的火灾信息为扑灭大火起到了极其重要的作用。

我国自1988年以来已发射4颗风云一号极轨气象卫星,为全球环境监测作出了一定的贡献。彩图16为风云一号D气象卫星监测到的内蒙古大兴安岭原始林区森林火灾。

尽管我国在火灾监测服务方面已取得了一定的成绩,但尚未形成定期的火灾监测产品,尤其是适用于气候模型的火点定量遥感产品。因此,该项工作有待进一步完善和发展。

## 土地利用的分类

在气候模拟和模式计算中,下垫面分类数据是最基本的也是极其重要的输入参数。地气系统的能量传输和交换与下垫面类型有很大的关系。国内外科学家经过模拟计算发现,在模式中使用不同的下垫面类型,模式计算的结果有很大的差异。因此,一个好的下垫面分类数据集,对全球气候模式和环境变化研究是十分有用的,也是非常必要的。

传统的获取地表植被分类数据经常采用实地数据采样、航拍等手段,要耗费很大的财力和人力,而且不够全面和客观,更新周期长。自对地观测卫星成功发射以来，随着遥感仪器和遥感技术的日趋成熟，遥感数据为植被的空间分类提供一条有效的途径。国外自20世纪80年代开始研究此项工作，Norwine等探讨了利用气象卫星进行植被分类和制图的可能性；Townshed等利用低分辨率气象卫星数据进行南美洲植被分区研究；在撒哈拉研究计划中，多国科学家利用气象卫星资料计算得到的植被指数，开展了非洲植被分区研究；法国也进行了气象卫星全国植被分区工作。近几年，美国马里兰大学地理系利用NOAA/AVHRR和部分Landsat/TM资料对全球陆表进行了分类，取得了很好的效果。

我国已多次利用多光谱数据，对植被的光谱特性进行了局部区域的植被遥感调查工作，取得了很好的效果，为我国环境监测和遥感技术的发展奠定了坚实的基础。

## 基本原理和方法

遥感技术识别地物通常是基于其光谱差异。一般情况下，不同的下垫面和植被类型，卫星观测得到的信息是不一样的，通过对多通道卫星资料的处理，采用一定的分类方法进行区分，形成地表分类数据。对于分辨率很高的遥感数据，如资源卫星数据，这种方法是可行的。但对于分辨率较低的遥感数据，如AVHRR资料(分辨率为1 km)，往往遇到一个遥感技术难题，即同物异谱和异物同谱的识别问题，而且影响更加明显，很难用一个或多个通道的合成图像来区分下垫面或植被类型。由于各种植被在一年中不同时期里，都会有一定的变化，有些地方变化很大，如农作物耕作区，有些地方则变化较小，如热带雨林。科学家通过研究发现，由卫星资料计算得到的植被指数(NDVI)不仅是植被生长状况的敏感指示器，而且其一年内所构成的时间序列曲线是表征植被生长规律的理想方法。利用卫星计算得到的多年时间序列植被指数，结合植被物候学原理，进行聚类分析，由此可得到地表的分类数据。

在NDVI时间序列分类中，将一年中的NDVI划分为$n$个时段，这 $n$ 个不同时段的 NDVI 可以看作是 $n$ 个变量（$x_i, I=1,2,\cdots,n$），植被类型图中的任一植被点可用 $n$ 维 NDVI 向量 $X$ 来表示：$X=[x_1,x_2,\cdots,x_n]^N$。每个植被点对应于时段 NDVI 空间中的一个点，时段 NDVI 特征不同的植被点对应时段 NDVI 空间中的不同点，时段 NDVI 空间特征相似的植被点在时间空间形成集群。NDVI 时间序列分类问题就是根据各植被点在时间空间中的位置，按一定算法将它们划分成若干植被集群，从而达到分类目的。这种算法往往采用自动化程度较高的动态聚类算法。动态聚类法首先建立一批初始类中心，进行粗略的分类，通过迭代，逐次移动各类的中心，直至得到最好的聚类结果为止。它采用成批样本修正法，不仅可以通过调整样本所属类别完成样本的聚类分析，而且可以自动地进行类别的“合并”和“分裂”，从而得到类数比较合理的聚类结果。

## 初步结果

美国马里兰大学地理系在 NASA 的支持下，利用 NOAA/AVHRR 和部分 Landsat/TM 资料对全球陆表进行了分类研究工作，将全球分成 14 类（见表 5.5），其产品有三种，分辨率分别为 1 km、8 km 和 1 度。

我国“九五”期间，利用 Landsat/TM 资料，建立了全国 1:10 万土地利用分类数据集。在此基础上，结合 NOAA 和 FY-1 号的 AVHRR 资料，建立全国 1 km 一年四季土地利用分类数据集。近期利用 2001 年 EOS/MODIS 计算的 NDVI 数据对我国东北部进行了分类试验（见彩图 17），其结果基本反映了地表的真实情况。

最近，MODIS 陆表资料处理小组根据 IGBP 的分类要求，生成了全球 5 km 和 20 km 二种尺度的地表分类数据。

表 5.5　14 种地表分类数据名称

| 类别 | 名称 |
|---|---|
| 0 | 水体 |
| 1 | 常绿针叶林 |
| 2 | 常绿阔叶林 |
| 3 | 落叶针叶林 |
| 4 | 落叶阔叶林 |
| 5 | 混合林 |
| 6 | 林地 |
| 7 | 林木草原 |
| 8 | 封闭灌木地 |
| 9 | 开放灌木地 |
| 10 | 草地 |
| 11 | 农田 |
| 12 | 露地 |
| 13 | 城市和开发区 |

# 第六章

# 对地观测卫星对岩石圈的监测

岩石圈是指由地壳和被称为橄榄岩层的地幔最上部组成的固体地球最外部的圈层，被大气圈和水圈所覆盖。人类的生产实践活动主要是作用于岩石圈表层，故岩石圈的研究具有重要意义。在陆圈-水圈-大气圈-生物圈（包括人类）的相互联系、相互作用中产生的开放的巨系统中，岩石圈这个子系统在全球变化中占有独特的地位，不仅岩石圈内部变化对全球变化有影响，而且在岩石圈-水圈界面，岩石圈-气圈界面，岩石圈-生物圈界面的相互作用，更为全球变化研究者所特别关注。

对地观测卫星通过对地球表面的辐射特性的观测，可以获取岩石圈表层的一些特征参数，如土壤湿度、地表温度、地表反照率，弥补了地面常规空间观测的不足，为全球环境监测和气候变化研究提供强有力的支持。

## 土壤湿度监测

地表土壤湿度与人类赖以生存的地球环境问题密切相关，它不仅是直接影响农作物生长、发育以及产量形成的重要因子,同时也是与洪涝危害程度有着密切关系的因子之一。地球表层水物质含量的多少及分布特征对地球生物和地球环境有重要作用。地表湿度特征量是通过地气相互作用过程,也就是地球表面过程与大气相互作用的。地表水分影响着陆气系统间的能量平衡,在陆地和大气间能量和水分交换的物理过程中起着重要作用,因而地表水分信息成为陆面过程和全球变化研究的重点。地表湿度作为气候变化研究中的重要物理量,一直受到人们的关注。它能通过改变地表反照率、土壤热容量和向大气输送的感热和潜热通量等方式制约地气系统之间能量和物质的交换。研究表明土壤湿度在气候变化中的作用仅次于海面温度。在陆地区域,它的作用甚至超过海面温度。特别是在内陆地区,陆表的蒸发在降水中所占的比重很大(高于 65%),而蒸发又与土壤湿度密切相关。除此之外,土壤湿度对中小尺度天气过程也有同样重要的影响,土壤湿度的梯度能够激发局地环流的形成和发展。而植被和土壤湿度的空间变化改变了近地面层大气的斜压结构进而能够激发形成对流风暴。地表湿度也是地表环境变量中的敏感参数。科技的发展带来经济繁荣的同时,也加重了人类对自然的改造力度。森林砍伐、农田开垦、过度放牧和城市的扩大化,改变了地表的覆被状况,减小了地表的植被覆盖度。地表植被覆盖度的减小,会增加地表的蒸发,降低土壤含水量,使土壤表面的水粘膜力减小,加重风对土壤的风蚀作用,造成土地荒漠化,沙尘暴频繁发生等。地表湿度特征量在区域农业管理、水文监测及预报、干旱监测等工作中都具有重要作用。

土壤中的水分信息是地气系统中各种水分间相互转化的纽带。它供给植物生长所必需的水分并连接着地表水和地下水,在地气系统间的物质和能量交换过程中起着积极的作用。土壤水分信息在水文、气象和气候、农业以及生态环境上都具有重要意义。在目前的水文模型、天气气候模型和生态环境模型中都因为土壤水分信息时空分布特征的不确定性而未能广泛利用。目前大多数水文模型、天气气候模型、农业经济模型和生态环境模型都是基于单点或小区域面积上的土壤水分信息，只考虑土壤水分特征的垂直分布变化特征，而不考虑土壤水分的水平平流和扩散特征。

长期以来，地表水分信息的获取途径一般以地面观测为主，如通过取样获取地表某点的土壤湿度信息，或通过对河流水位和流量的观测而获取有关水文信息。这些信息在一定程度上加深了人类对地球环境中水分分布特征及水分循环特征的认识。随着科学研究的深入，仅有这些资料还远远不够，需要将地球环境作为整体来探索水分的分布及循环，必须了解各种时空尺度下地表水物质的分布及演变特征。近年国际上许多重大研究计划都将遥感反演作为获取地表湿度信息的重要手段，其中包括“全球能量水循环试验(GEWEX)”项目下的“国际卫星陆面气候计划(ISLSCP)”，及其延续项目“全球土壤湿度计划(GSWP)”。而国际陆面过程试验(HAPEX)更是具有前瞻性地确定了利用微波辐射计获取地表湿度信息的新的遥感方案。

当前，土壤水分的地面直接测量和计算方法尚未完全解决的情况下，加之由于陆地表面自身特性的不确定性、多变性和复杂性，这对采用遥感手段提取地表湿度信息的应用研究带来了很大的难度。所幸的是各国科学家经过多年的不懈努力，目前大范围土壤水分动态监测遥感技术日趋成熟，并已达到可供实用水平，这为业务化运行打下了坚实的基础。

## 原理和方法

利用遥感手段反演地表土壤湿度，所用的资料通常为可见光、近红外、热红外和微波波段的卫星遥感数据。从理论分析结果来看，它们都能在一定条件下反映地表的含水状况。不同特性的遥感数据，其计算土壤湿度的原理和方法有很大的差异，而且有的方法只适用于某些特定的地表类型。如利用可见和红外波段的遥感手段可以有效获取裸土地表或植被稀少地区的湿度信息，用于特定区域的干旱监测。对于地表湿度的定量遥感，微波通道最具潜力，不仅可用于地表的洪涝和干旱等灾害监测，同时也可用于特定下垫面状况下土壤湿度的定量遥感。下面就利用卫星资料估算土壤湿度的技术方法作简要介绍。

**可见和热红外波段技术**　利用热红外遥感反演土壤水分含量的理论基础是土壤水分含量的变化会影响土壤的热性质。一般土壤水分含量的变化会影响土壤的热惯量，进而影响土壤温度的变率。因此，这种方法通常又称之为热惯量法。

在热力学中对于特定的物体其热惯量是一个不变量，但在自然界中，当地表含水量发生变化时，其物理特性会发生变化，热惯量随之而变。如果以简单的温度周期函数为边条件，求解一维热传导方程，可得简单解：

$$Q = -(2/W)^{1/2} \times T_0 \times P$$

其中 $Q$ 为热量，$T_0$ 为温度变化的振幅，$W$ 为周日角频率，$P$ 是物体固有的常量即热惯量。一般热惯量大的物体温度的日变化量就小；热惯量小的物体其温度日变化量就大。对地表下垫面而言，海洋的热惯量最大，而沙漠的热惯量最小。真实热惯量是个纯物理的量，无法利用遥感手段来探知。在利用傅立叶解法求取热传导方程时，如果用 1 日内最高最低温差来近似基波振幅的话，可以得到简化式：

$$(1 - R_{abe}) / \triangle T = G \times (P^2 + b \times P + c)^{1/2}$$

其中 $G$，$b$，$c$ 都是在短时期内不会发生很大变化的量；$\triangle T = T_{max} - T_{min}$，$R_{abe}$为地表的全波段反照率。定义 $ATI = (1 - R_{abe}) / \triangle T$ 为表观热惯量，其值随真实热惯量的增大而单调上升，并完全可以通过遥感手段来获取。

结合业务卫星 NOAA/AVHRR 的通道特性，其全波段反照率可由通道 1 和 2 加权计算得到。其表达式为

$$R_{abe} = 0.526 \times CH_1 + 0.474 \times CH_2$$

$CH_1$和 $CH_2$ 分别为 AVHRR 的第 1、2 通道的反射率。温差（$\triangle T$）

计算表达式为：

$$\triangle T = CH_{D4} - CH_{N4}$$

$CH_{D4}$,$CH_{N4}$分别为 AVHRR 的第 4 通道午后和夜间的热红外辐射温度。

从表观热惯量出发求取真实热惯量只需求解 2 次方程。但从真实热惯量到土壤湿度其间并没有一个简单明了的解析式，而且在土壤真实热惯量的众多影响因素当中，主要的影响因素有土壤含水量和土壤密度，二者对土壤真实热惯量的影响彼此相当。这就为从土壤真实热惯量中提取出土壤湿度信息带来了困难。但是二者相比土壤密度是一个稳定量，可以根据比较完备的地理信息系统来获取。目前比较实用化的做法是从遥感资料出发反演得到表观热惯量，然后推算土壤真实热惯量，再查找事先算好的查找表，得到土壤含水量图像。常用的方法是直接建立表观热惯量 ATI 与土壤含水量间的统计关系。

另外，利用静止气象卫星红外遥感资料可以得到地表温度的变化率。影响地表温度变化率的因素很多，其中包括土壤水分、地表粗糙度、地面风速、地表生物量、相对湿度和地表反照率。而以土壤水分引起温度变化率的相对变化量为最显著。从遥感到的地面温度变化率并不能直接推算出土壤水分含量，必须从地面的能量平衡方程出发，借助一定的近地层模式和必要的常规资料才行。

**短波近红外遥感技术**　来自太阳的可见光波段的辐射，到达地表后，对于水体下垫面其穿透深度可达几米，而对于陆地下垫面，穿透深度只有几个微米。因此，星载可见光仪器得到的陆表遥感信息所代表的特征层只是表层。对于裸土而言，含水量的不同，会引起土壤颗粒物理性质的变化，改变裸土的表观光学特性，使观测到的反射率发生变化。一般反射率随土壤水分的减少而增大。影响土壤反射率的主要参数包括土壤湿度、表面粗糙度、有机质和氧化铁含量等。地面实验表明，在近红外波段对土壤湿度的反应最为敏感。利用地面的实验观测资料，可以得到土壤湿度与近红外波段反射率的相关方程，它们近似为线性关系：

$$SM = 55.36 - 0.84 \times A$$

其中 $SM$ 为土壤湿度(%)，$A$ 为近红外波段的反射率。尽管，地面的实验观测得到了很实用的关系式，但利用星载可见光和近红外遥感资料直接反演地表湿度，仍然存在很大障碍。对星载遥感器而言，大气的影响以及卫星和太阳高度角、卫星和太阳之间的方位角以及遥感器衰减等因素，影响星载可见光近红外遥感器的反射率测值，土壤湿度所引起的变化与其他因素相比并不显著，会被其他因素所引起的变化淹没掉，使得实用性受到限制。很多人利用NOAA/AVHRR 的可见光通道和近红外(CH1 和 CH2)进行了许多的实验，他们利用对植被特征比较敏感的各种植被指数，将两个可见光通道组合在一起，通过植被特征的变化，来间接推测土壤湿度的变化。对于特定区域、特定时相，这种方法有些应用效果，并可用于干旱监测及区域农业应用。

当地表有植被覆盖时，植被会改变土壤的热传导性质。以植被覆盖区土壤干湿状况的监测为目的，有人提出了供水植被指数法、距平植被指数法和植被水应力法。这些指数都在一定程度上能够反映植被覆盖条件下的地表湿度状况。方法在定性分析大范围土壤干湿状况，开展洪涝和干旱监测时得到了应用，且取得了较好的应用效果。但应用结果分析表明，单一的植被指数不能很好地反映气象干旱指数的变化，多种植被指数的综合应用能很好地解释气象干旱的变化。一般归一化植被指数 NDVI 更多地反映了气候变化对植被带来的影响，通过正常年份和非正常年份 NDVI 间特征的比较，可以了解区域大范围的干旱状况；而植被状态指数(VCI)和全球植被指数法则更多地反映了大尺度的干旱特征，有利于旱区的旱灾评估。

NOAA-15/AVHRR 和 EOS/MODIS 及我国的 FY-1C/D 新增设的近红外通道 1.6 μm，给土壤湿度的遥感监测带来新的尝试机会。从不同湿度条件下粉沙壤土的反射率光谱曲线中可以看到，对 1.6 μm 通道而言，当土壤湿度从 0.8%变化到 20.2%时，反射率会从 60.0%降到 20.4%。这一信号经大气衰减到达卫星传感器，大气中 $CO_2$ 的吸收和气溶胶的散射，会使信号损失。可见光和近红外通道地表湿度信息提取，更多的可利用 MODIS 来进行尝试。

从大气透过率随波长的变化分布特征分析得到，1.6 μm 近红外通道有微弱的 $CO_2$ 吸收。水汽的吸收很弱，水汽透过率几乎为1。相对于其他波长更短的可见光通道来说，1.6 μm 通道对气溶胶粒子的大小更为敏感。利用地表太阳辐射特性可以将可见光和近红外通道有效组合，进行地表下垫面分类，从遥感图像中分离出裸露土壤或植被稀少地区，以便于土壤湿度的反演应用研究。

不同质地土壤，可见光和近红外波段有不同的光谱特征(见图6.1)。从地表特征的时变性上来看，地表质地的变化是个缓变量，而地表的湿度特征相对来说是快变量。从大气修正后通道反射率的时间序列分析，可以一定程度上滤掉的地表类型带来的地表反

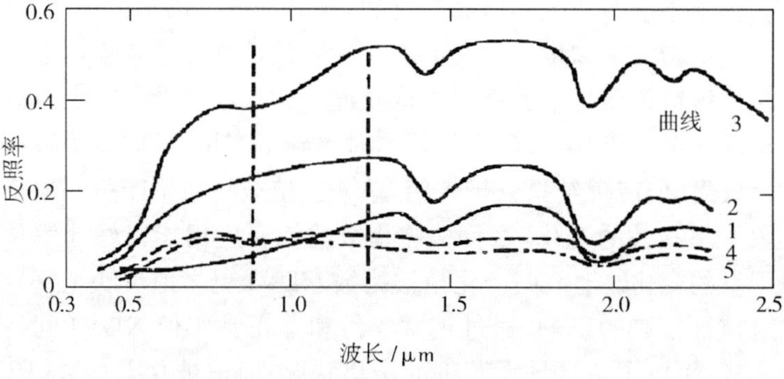


图 6.1 MODIS 仪器对各种典型土壤短波近红外波段光谱曲线。其中曲线 1 为有机质为主细粒结构土壤；2 为受到有机质影响的粗粒结构土壤；3 为以铁元素为主的富铁土壤；4、5 为富含铁和有机质的土壤

射率的变化，进而推得地表湿度的变化信息。同时，也可通过地表辅助信息来对地表土壤类型进行确定。土壤在短波近红外波段表现出来的光谱特性，预示着其有潜在的应用价值。但到目前为止，直接利用短波近红外技术反演地表湿度信息的方法还仅仅是停留在试验和理论分析阶段，并没有走向业务应用。随着高光谱技术的发展，这一波段或许会给应用带来新的发展契机。

**微波遥感技术**　利用星载被动微波遥感资料反演地表湿度信息，有物理反演和经验反演两个思路。当大气状况和地表的植被覆盖率及地表温度等主要物理特征量已知时，可以通过物理反演的思路获取地表湿度信息。利用地表和大气微波辐射传输模型，正算到达星载被动微波遥感仪器的上行微波辐射量，与星载被动微波遥感仪器的观测量对比分析，然后通过迭代或变分等数学上的逼近算法，提取出地表的湿度信息。如果除地表湿度信息外，大气或地表其他主要物理特征量不完全已知，在反演过程中，就需要借助一些经验性的结论，来实现反演算法。许多人直接建立星载被动微波遥感仪器获取到的微波亮温资料与地表湿度信息之间的关系，实现反演。也有人首先反演地表的微波比辐射率，然后再借助其他已知条件来进一步反演地表湿度信息。地表微波比辐射率不仅是地表湿度信息反演过程中的重要物理量，同时也是陆地区域大气特征量反演时必不可少的物理量。

目前用于土壤湿度反演计算试验的卫星遥感数据主要来自星载被动微波遥感仪器 SMMR、SSM/I、SSM/T、MSU、AMSU、TMI 和 AMSR-E 等。以 AMSU 为例，不仅可改进大气温度和湿度的垂直探测能力，其窗区通道同时还具备探测地表参数的能力，大大提高了卫星的环境监测能力。

AMSU 是美国第五代极轨业务环境卫星的第一颗星 NOAA-15 上装载的先进微波探测器，由 ASMU-A 和 AMSU-B 两部分组成(见表 1.5 和 1.6)。其中 AMSU-A 包括频率分布从 23.8 GHz 到 89 GHz 的 15 个微波探测通道，可同时用于地表和大气的参数反演。当分析区上空有云层覆盖时,以往干旱监测中经常使用的可见光和红外等遥感手段都无法再用来获取地表信息,微波遥感成为唯一可行的遥感途径。

AMSU-A 星下点水平分辨率为 45 km,将 AMSU-A 窗区通道任意像元的地表潮湿状况等效为由绝对干燥的地表和纯水体按水体面积百分比 $f$ 混合后的情况。混合像元潮湿地表的等效微波比辐射率可表示如下:

$$\varepsilon_{ws}=(1-f)*\varepsilon_{ds}+\varepsilon_{w}f=\varepsilon_{ds}-f(\varepsilon_{ds}-\varepsilon_{w})$$

其中 $\varepsilon_{ds}$和 $\varepsilon_{w}$分别是干地表和水体的微波比辐射率。$f$ 参数反映了潮湿的 AMSU-A 像元等效成纯水体后水体所占面积的百分比,是一个很好的像元湿度信息特征量。图 6.2 是 AMSU 正演模拟计

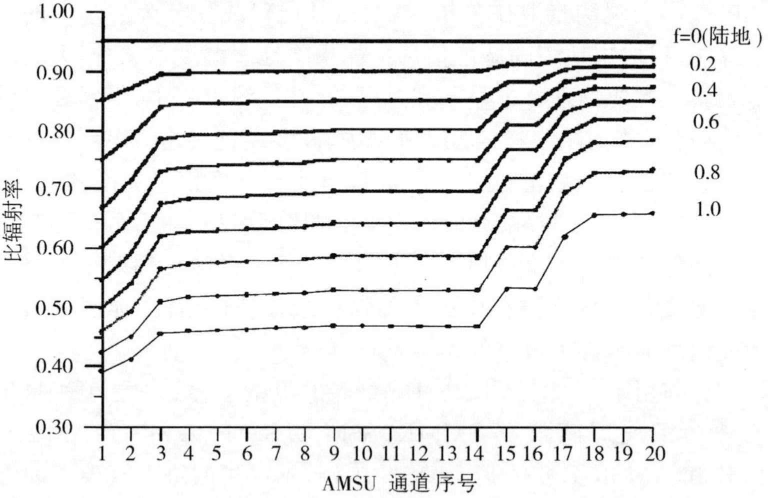


图 6.2 不同水体面积百分比条件下微波比辐射率随各通道频率的变化曲线土壤。横坐标为 AMSU 通道号,纵坐标为比辐射率,曲线右边为横拟计算时像元中水体的比例

算的结果,它表明,在不同的水体面积百分比条件下,AMSU-A 窗区通道(通道 1、2、3 和 15)的微波比辐射率随通道频率有规律地

变化，近似满足线性拟合关系：

$$\varepsilon_{chn}=F(\varepsilon_1,\varepsilon_2,\varepsilon_3,\varepsilon_{15})$$

在理想条件下，当大气比较干燥时，微波的通道比辐射率与通道亮温之间存在线性对应关系：

$$T_{\text{通道亮温}}=\varepsilon_{chn}\times T_{\text{物理温度}}=[\varepsilon_{\text{ds}}-f(\varepsilon_{\text{ds}}-\varepsilon_{\text{w}})]\times T_{\text{物理温度}}$$

从上式可以看到，地表像元通道亮温与像元物理温度差值的大小直接与 $f$ 相关，取决于像元地表的湿度状况。用这一温度差值作为 AMSU 湿度指数的物理背景，构建新的湿度指数，根据微波比辐射率的关系建立湿度指数与 AMSU 各通道微波亮温之间的线性函数关系。

受大气影响程度相近的通道组合在一起可以有效消除大气的影响。在 AMSU-A 的窗区通道中，大气影响程度不完全一样。正演模拟分析结果表明，其中通道 1 受大气水汽的影响最为强烈，一般可以利用通道 3 和通道 1 的亮温差来做大气水汽影响订正。通道 1、2 和 3 的组合可有效抑制大气影响。因此最终在构造湿度指数（BWI）选因子时，选用了通道 1、2 和 3，$BWI$ 的最终函数形式为：

$$BWI=\beta_1\times T_{b3}+\beta_2\times T_{b2}+T_{b1}$$

其中系数 $\beta_1$ 和 $\beta_2$ 经 AMSU 正演模拟计算分别为 2.3 和 1.31；$T_{b1}$，$T_{b2}$，$T_{b3}$分别是通道 1、2 和 3 的亮温，其中心频率分别为 23 GHz、31.4 GHz 和 50.3 GHz。

图 6.3 是 AMSU 湿度指数 $BWI$ 随 $f$ 的变化曲线。当 $f$ 值小于 0.5 时，$BWI$ 随 $f$ 值的变化基本上是单调递增。$f$ 值的大小间接反映了地表的湿度状况。适当确定 $BWI$ 的阈值可以实现地表干旱区分类。

由于土壤湿度与地表比辐射率有很好的关系，因此人们往往通过研究地表比辐射率的反演，进而计算地表土壤湿度。一般情况下会出现三种情况，分别为：已知大气廓线 $T(p)$、$q(q)$和地表温度

($T_s$);地表温度未知、实际大气廓线已知;地表温度和实际大气廓线均未知。针对这三种情况可分别采取物理反演、物理和经验相结合的反演以及完全的经验反演算法。

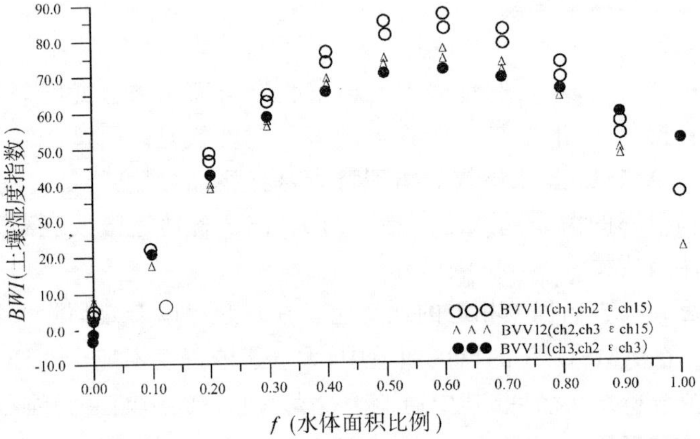


图 6.3 *BWI* 和通道 2 亮温随水体面积百分比 *f* 的变化曲线

## 初步结果

Bartholie 等人早在 1972 年就发现,裸露农田表面在最高温度附近土壤含水量的增加幅度降低。大量研究实验证明,土壤表面温度的日较差随土壤湿度的增加而减小。Idso 等人 1975 年对裸土表层 10 cm 以内不同深度土壤含水量与土壤表面温度日较差间的相关性做了仔细研究,提出了利用热惯量原理估算土壤水分含量的方法,为热红外遥感技术在土壤水分含量遥感反演方面带来突破性进展。在上述试验分析不断取得进展的同时,Jaeger 在 1953 年为了研究月球表面的热惯量而建立了周期边界条件一维热传导模型;Watson 等 1975 年发展了热惯量模型;而 Pohn 等 1974 年利用 Nimbus 气象卫星遥感数据制作了热惯量等值线图。之后,Price 1975 年系统推导了遥感数据的热惯量模型;Pratt 等人在

1976到1980年间探讨了利用遥感数据制作热惯量图的图像处理技术。进入70年代以后，航天遥感技术不断取得突飞猛进的发展，国内已经可以业务获取热红外遥感信息，保证了热红外遥感技术的深入应用。马蔼乃等人1984年制作了我国第一张热惯量图；刘兴文等1987年建立了利用热惯量估计土壤含水量的统计表达式，并将土壤含水量的计算误差控制在5%，但方法中需要实测热惯量值；马蔼乃等1989年利用NOAA-AVHRR热红外数据制作了热惯量图，并估算了裸土和低植被覆盖度条件下的土壤水分含量；张仁华等1990年提出了改进的热惯量模型，新的模型中同时考虑了地表的显热和潜热通量，提高了土壤含水量的估算精度；隋洪智等人1990年，利用NOAA-AVHRR数据分析了裸土真实热惯量与土壤含水量以及低植被覆盖度条件下土壤表观热惯量与土壤含水量间的关系，得到热惯量与土壤含水量间的一元线性关系；而肖乾广等人1994年利用NOAA-AVHRR资料得到了热惯量与土壤含水量间的幂指数关系。他们的研究成果都在一定区域范围内的干旱遥感监测方面取得了很好的应用，并对区域农业管理起到了一定的指导作用。

目前，我国在利用卫星遥感资料进行土壤湿度遥感监测已开始向业务化方向发展，并用于全国的干旱监测中。彩图18为热惯量方法得到的全国干旱监测图。

AMSU是我国目前唯一可以业务获取的星载微波探测资料。针对地表干旱监测开展了AMSU-A窗区通道微波正演辐射传输模拟计算，为了在非强降水区有效克服大气中水汽的影响，选用通道1、2和3的组合方式，构造出对地表干旱特征比较敏感的湿度指数。利用这一湿度指数，可以有效地将地表干旱区分类为严重干旱区、一般干旱区和非干旱区。研究结果为利用AMSU-A资料在准全天候条件下，开展区域地表干旱业务实时监测奠定了基础。

# 地表温度监测

地表温度(Land Surface Temperature,简称 LST)是地球表面能量平衡和温室效应的一个主要指标,是区域和全球尺度地表物理过程中的一个关键因子。它将地球和大气间的相互作用及相互间的能量交换结合起来。因此,在气候、水文、生态学和生物地球化学等许多领域的研究中,地表温度都是必需考虑的基本参数。虽然地表温度是常规地面观测的基本气象要素之一,但由于受时间和空间等因素影响,地表温度的变化往往比较大,常规观测资料的时空尺度和覆盖范围远远不能满足各种模式的需要。

自对地观测卫星成功发射以来,人们就对利用遥感资料获取地表温度产生了极大的兴趣。在过去的几十年里,人们在利用航空热红外遥感资料估计地表比辐射率和温度方面取得了显著的进展。如 Kahle 等人在 1980 年就建立了一种利用单一通道资料估计地表温度的方法,其假设条件为地表比辐射率为常数并已知大气参数。1992 年,Hook 等人利用多通道热红外资料进行比辐射率估算。最近,根据这些方法以及最小比辐射率与各个波段比辐射率间的差异之间的经验关系,人们又研制出了一种适用于 ASTER (Advance Spaceborne Thermal Emission and Reflection Radiometer)的温度和比辐射率分离的算法。

地表温度是对地观测系统陆地产品之一。它也作为其他大气和陆地产品(如气溶胶、大气廓线、地表覆盖、蒸发和净初级生产力等)计算的输入变量。

应当指出,基于热红外资料的得到的地表温度产品只能在晴空条件下获得。微波探测仪器的最大优点就是可以全天候进行地表观测。McFarland 等利用美国国防气象卫星(DMSP)SSM/I 资料获得了美国中部平原地区的农作物/山脉、湿土及干土的地表温度。对 SSM/I 所有通道资料与地面温度资料的回归分析表明,由二者相关统计得到的地表温度的均方根误差约为3℃。他们也证明反演积雪的表面温度非常难,几乎不可能,因为积雪的比辐射率随着积雪深度、密度和颗粒大小而变化。他们还指出,有大面积水体的陆地表面,如湖泊及被洪水淹没地区的温度反演也存在着问题,因为水体表面具有较低的亮温和较高的极化性。下降的雨滴还会屏蔽地表辐射。由于水和干土在微波波段的介电常数存在较大的差异,微波遥感已被较好地用于土壤湿度反演。在微波波段,土壤的比辐射率从湿土的0.6(30%体积土壤湿度)到干土的0.9(8%)之间变化。正如Ulaby等所指出的那样,尽管几年来航空卫星微波辐射仪遥感已提供了大气和海洋参数,但除了积雪监测信息还未提供其他地表参数,原因有三方面。一是现在在空中运行的卫星所装载的辐射仪的空间分辨率与大多数大气和海洋参数的空间变化尺度相匹配,而与地表参数的变化尺度则相差较大;二是由于地表一般都具有较复杂的介电和几何特性,地表微波发射的物理机制还没有被充分理解;三是在微波波段各种地表类型的比辐射率的变化范围很大,而且微波亮温依赖于物体的表面粗糙度和物体结构,所以仅用微波技术要反演出具有1～2 K精度的全球范围的地表温度是不可能的。

为了满足在晴空和有云情况下,地表温度在气候、水文、生态和生物地球化学研究中的应用,一个可行的方案是利用卫星热红外资料得到的地表温度与数值预报场资料紧密结合。即将卫星反演的地表温度产品作为输入变量来修正晴空区域的数值预报模式。在云覆盖区域,则用模式预报获得地表温度值。美国国家大气研究中心(NCAR)气候模式与地表温度资料的对比分析为太阳光谱段和长波波段的辐射传输计算提供了非常有价值的云参数,而且改进了模式的表面层参数。

## 原理和方法

大家知道，星上探测器接收到的热红外信息取决于地表温度、地表比辐射率/反射率、大气本身的热辐射及大气对地表热辐射和白天太阳辐射的吸收和散射作用，利用热红外通道资料可反演整个地球陆地表面的温度，包括常青森林和灌木、落叶性的森林和灌木、农作物和草地、内陆水体、积雪和冰，以及无植被地区如裸土、沙地、岩石和城市等。

遥感反演地表温度一共有三种方法，即单一红外通道方法；多通道分裂窗方法；以及针对 EOS/MODIS 探测仪特性设计的方法。

第一种方法需要已知地表比辐射率，还要有一个精确的辐射传输模型，且需已知大气廓线，这些廓线可以通过卫星垂直探测得到，或者通过常规探空手段获得。

第二种方法根据分裂窗通道对水汽吸收的差异，将地表比辐射率作为输入变量进行大气和地表比辐射率订正。

第三种方法利用 MODIS 7 个热红外通道的白天/夜间资料，同时反演地表温度和通道平均比辐射率，而不需要高精度的大气温度和水汽廓线。这种方法改进了 Li 和 Becker 的方法，他们利用校准的白天/夜间 AVHRR 资料，根据假定的双向反射率分布函数和大气廓线条件，从独立温度光谱指数概念出发估计了地表比辐射率和温度。

在多种大气和地表条件下，通过精确的大气辐射传输模拟计算，科研人员建立了一个红外波段比辐射率数据库。在此基础上，建了查照表，并确定了一种插值方案，以便充分研究地表温度和比辐射率、大气水汽和温度廓线对热红外波段的影响。现有的地物光谱比辐射率测量资料表明，某些地物在有些通道上（如 MODIS 第 31、32 通道）的比辐射率相对稳定，变化幅度在 0.01 以内，这些地物包括浓密常青植被、湖面、积雪和潮湿土壤。为了对这些地物进行大气和比辐射率订正，他们研制了一种与观测角相关的分裂窗地表温度算法。在大多数情况下，对那些已知光谱比辐射率的地物，在特定的观测角度和柱水汽含量范围内，分裂窗地表温度算法的精度可优于 1 K。为了反演所有地物，包括那些比辐射率很难预测的地物的比辐射率和温度，他们还研制了一种新的物理的白天/夜间地表温度算法。

许多科学家研究发现，反演地表温度的一个主要难点是不同地物的比辐射率随波谱有相当大的变化，而且许多地物的比辐射率仅在 8～14 μm 的波谱范围内有测量值。比辐射率随着观测角的不同也会有变化，这种效应在陆地上比在海洋上更加明显，因为地球曲率和卫星探测器扫描角的作用通常使局地观测角大于 60°。在试验室的裸土测量实验中已证实了这一点，这一效应在波长为 10.6 和 12.0 μm 时比在 3.7 μm 时小。倾斜观测使信号发生变化，但是光谱特性并未改变。在观测角为 60°时，这种效应对沙地和淤泥不超过 1.5%，但对耕地则将近 5%。另外，土壤颗粒大小不同，土壤的比辐射率也会不同。而且如果不进行大气订正，野外测量和航空遥感得到的比辐射率与实验室测量的也可能不一样。为了精确测量具有方向性的半球状物体表面的比辐射率，可能需要表面双向反射率分布函数信息。常规球面积分测量比辐射率的方法是假定参考表面和测量表面具有相似的双向反射率分布函数模式。否则，在测量表面和参考表面为漫射和非漫射的混合体时，测定比辐射率的不确定性可达到±5%。为了利用野外观测资料精确地计算比辐射率，表面双向反射率分布函数信息对于订正地表对太阳辐射的反射尤为重要。植被的红外辐射也随着观测角变化，但这是由于观测角度对植冠温度的影响，而不是由于观测角度对比辐射率的影响。

以 EOS/MODIS 发展地表温度算法为例，其指导思想是：1）吸取已有的洋面温度和地表温度算法研制过程中积累的经验；2）建立地表比辐射率和双向反射率分布函数基础数据库，使算法研制有一可靠的依据，从而使在进行地面验证时，测量精度好于1 K；3)应用精确的辐射传输模型，将在理论上和经验上有关大气吸收的新进展用于模拟计算；4)通过精确辐射传输模拟计算建立一个数据库，并且确定一个查照表和插值方案，以便所研制出的算法可以业务化。

与洋面温度计算方法相比，地表温度的计算方法要困难得多，其主要原因是洋面相对均一，比辐射率变化不大，而地表的情况则要复杂得多。这里简要介绍推广的分裂窗地表温度算法。

对于已知陆地表面的光谱比辐射率，多通道洋面温度方法可以推广为地表温度算法。这种方法与其他方法的主要区别在于：1)它不要求精确的大气廓线；2)它不需要逐个像元的辐射模拟计算；3)它的反演精度取决于地表比辐射率的精度。推广的分裂窗LST 算法形式简单，因此所需计算时间很少。这种方法已被作为在轨 EOS/MODIS 地表温度算法的首选方法，这是基于：1)大气状况，特别是水汽，因为它不论在垂直方向还是水平方向都是随时间和高度变化的，很难使测量的相对湿度廓线的精度高于10%；2)地表温度随着时间和空间而变化，并且与地表空气温度相关性不大，白天和夜间地表物质的温度可以相差10℃以上；3)大部分地表物质在 MODIS 通道31和32的比辐射率是相对稳定的，分布在一定的范围内。

从研制 SST 算法的经验，可以得到如下结论：即在较宽的大气变化范围内，从亚北极冬季到热带，大气效应在 NOAA AVHRR 通道4和5存在一种相当简单而稳定的关系，如图6.4所示。MODIS 通道31和32与 AVHRR 通道4和5位于相同的光谱范围，但是它们的通道宽度和光谱响应函数是不同的。本图中的资料是由 LOWTRAN7，MODTRAN，和 ATRAD-MOD 等模式的模拟得来的。在通道4和5的地表比辐射率均假定为0.98。图中给出了空气温度 $T_{air}$ 和地表温度 $T_s = T_{air} + \Delta T_s$。为了显示观测角的影响，在观测角($\theta_v$)为11.4°，26.1°，40.3°和53.7°时分别

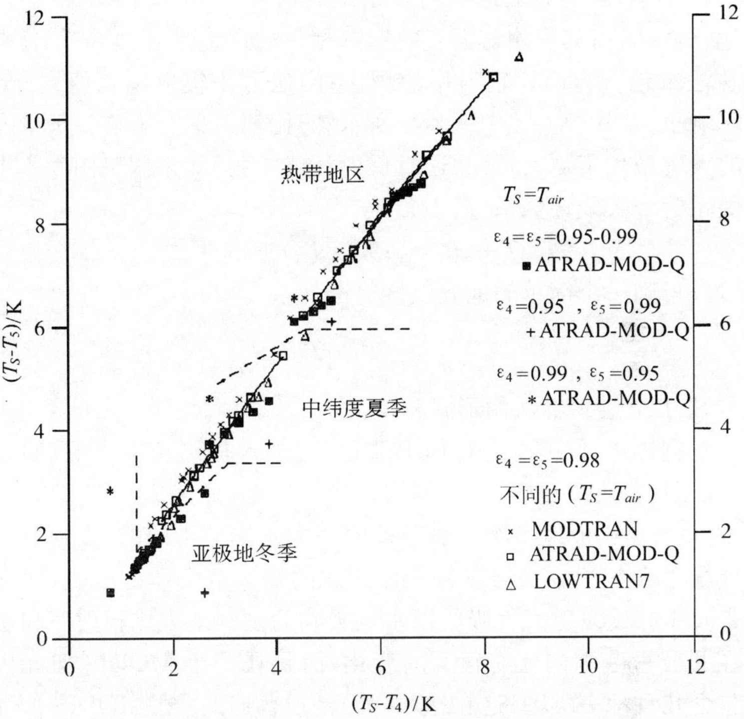


图 6.4　不同模式中大气对 NOAA-7 AVHRR 通道温度的影响。其中，上部分热带地区模拟计算结果（$T_{air}=299.7$ K，$\Delta T_s=0,1.5,3.0$ K）；中部为中纬度夏季结果（$T_{air}=294.2$ K，$\Delta T_s=0,-2,-4$ K）；下部为亚级地冬季结果（$T_{air}=257.2$ K，$\Delta T_s=0,2,4$ K）；水平能见度均为 23 km

给出了四对通道温度 $T_s-T_j$。可见图 6.4 中的关系对辐射传输模型不敏感。图中也给出了比辐射率的影响。图中黑色方块代表 $\theta_v=11.4°$ 或 $\theta_v=53.7°$ 时，$\varepsilon_4=\varepsilon_5=0.95-0.99$，加号代表 $\varepsilon_4=0.95$ 和 $\varepsilon_5=0.99$，星号代表 $\varepsilon_4=0.99$ 和 $\varepsilon_5=0.95$。对于比辐射率影响可以得到以下结论：1）当两个通道的比辐射率变化一致时，比辐射

率影响很小,因为它的影响可以由地表对大气向下辐射的反射部分地补偿,因而其影响与大气的影响相似。这也是各种 $SST$ 分裂窗算法未包含海面比辐射率的理由;2)通道比辐射率差值 $\varepsilon_4-\varepsilon_5$ 的影响很大,如图 6.4 中 * 和 + 所示;3)比辐射率的影响在干燥寒冷的大气条件下更大,因为这时反射补偿较弱。如果假定图 6.4 中的关系为一次线性关系:

$$T_s-T_5=a(T_s-T_4)+b$$

就可以得到一个简单的地表温度算法

$$T_s=T_4+\frac{1}{a-1}(T_4-T_5)-\frac{b}{a-1}$$

这与 SST 分裂窗算法的形式相似。

根据图 6.4,可以进行如下改进:1)加入探测角的影响;2)为了使 LST 算法更精确,考虑区域和季节变化。显然 $T_s-T_5$ 和 $T_s-T_4$ 的关系在亚极地冬季与热带及中纬度夏季是不同的,因为在亚极地冬季大气吸收是由多种气体组成的均匀混合体的吸收,而在热带及中纬度夏季大气吸收以水汽吸收为主。地表比辐射率和温度在几公里范围内就有很大的变化,而且在一个 MODIS 像元内就包含几种地表类型,这在地球表面是很普遍的。在 MODIS LST 算法中采用一次线性近似来解决混合像元问题,就是求得混合表面的平均比辐射率和有效辐射温度。数值模拟结果表明平均通道比辐射率与单一有效辐射温度可以用来表示 MODIS 通道 31 和 32 的通道辐射率,这对于混合像元不会带来很大误差,因为这两个通道的波长相差很小。不同通道的有效辐射温度的差异随着通道间波长差异的增加而增大。

有些 LST 算法只处理观测角在 45°以内的像元,因为在观测角较大时精度很差。但是 MODIS 最大星下点观测角为 65°,观测角大于 45°的像元占总像元的 30%,或者几乎占每一扫描带覆盖区域的 50%。为了提供全球范围的 LST,最好能使所研制的 LST 算法适用于整个观测角范围。尽管由观测角($\theta_v$)的余弦 $\mu$ 与热红外通道亮温 TI 相结合的一种二次方形式的 LST 算法，对于已知地表比辐射率的情况有较高的精度，但是这种方法对于比辐射率及资料噪声等不确定因子非常敏感。因此，必须推广线性 Wan-Dozier LST 算法，使之成为随观测角变化的适用于 MODIS 的分裂窗 LST 算法，这与 Becker 和 Li 的局地分裂窗方法类似

$$T_s=(A_1+A_2\frac{1-\varepsilon}{\varepsilon}+A_3\frac{\Delta\varepsilon}{\varepsilon^2})\frac{T_{31}+T_{32}}{2}$$
$$+(B_1+B_2\frac{1-\varepsilon}{\varepsilon}+B_3\frac{\Delta\varepsilon}{\varepsilon^2})(T_{31}-T_{32})+C$$

其中 $\varepsilon=0.5(\varepsilon_{31}+\varepsilon_{32})$，$\Delta\varepsilon=\varepsilon_{31}-\varepsilon_{32}$。$A_1$ 不是常数 1，所以这比 Becker-Li 算法中多一个变化系数。

经过以上全面的误差分析，可见，为了在较宽的大气和地表条件下(除了很寒冷及干燥的地区)达到 1 K 的反演精度，在 LST 算法中必须考虑观测角和大气柱水汽含量。式中的系数可以由以下方法确定：1)根据地表气温将大气温度廓线分为几段，比如 $T_{air}\leqslant$ 280 K 或者＞280 K，这样冬季干燥大气分在第一段，夏季温暖大气分在第二段；2)大气柱水汽含量改变步长为 0.5 cm；3)根据 $T_{air}-16\ \text{K}\leqslant T_s\leqslant T_{air}+4\ \text{K}$ 或 $T_{air}-4\ \text{K}\leqslant T_s\leqslant T_{air}+16\ \text{K}$ 把地表温度分为两组，第一组可以代表夜间情况，第二组可以代表白天情况；4)通道比辐射率满足以下条件，$0.89\leqslant\varepsilon\leqslant1$，变化步长为 0.01，并且 $-0.025\leqslant\Delta\varepsilon\leqslant0.015$，其变化步长为 0.005；5)从星下点到 65.5°，选择了 9 个观测角来代表 MODIS 得观测角范围。总之，白天与夜间算法中的系数将分别由每组地表气温、每一水汽间隔在 9 个观测角的模拟值经回归分析确定。地表气温与柱水汽含量由 MODIS 大气廓线产品提供。结果 LST 的均方根误差小于 1 K，除了在扫描带边缘(观测角大于 55°)柱水汽含量大于 4 cm 时，最大误差不超过 3 K。通过算法优化及多次迭代可以减小这些误差。详见 Wan 和 Dozier 的文章(1996)。

## 初步结果

尽管利用卫星遥感资料计算地表温度有较大的难度,但通过有关专家的努力,目前已取得了很大的进步。特别是 EOS 对地观测卫星的成功发射,美国已率先利用 MODIS 数据进行全球地表温度业务化运行。在一般情况下每天可通过 Internet 网得到不同分辨率全球地表温度产品。

我国在利用卫星资料进行地表温度反演方面也曾作了有益的尝试,目前尚处于研究阶段,与发达国家相比仍有较大的差距。

应该看到,地表温度反演工作虽然取得了一定的成果,但其反演误差并不能被忽略。这与算法本身有关,如观测角度问题,在柱水汽含量和温度变化范围内进行优化问题等;探测仪器的误差问题也是一个重要方面,如绝对和相对定标误差,红外通道的光谱响应函数,以及光学系统的等效噪声温度(NEΔT)等。另外,比辐射率库中地物比辐射率误差和不确定性的方差分析技术等也是影响反演精度的因素之一。

EOS/MODIS 地表温度产品及其他地表产品的一个主要局限是它们只能在晴空条件下获得。在卫星观测的可见光和热红外波段,云屏蔽了地球表面。MODIS 地表温度算法及其他现有的地表温度算法都基于以下基本假定:一个地表像元可以用所有热红外波段的不同波段的比辐射率和一个有效辐射温度描述。但是当有亚像元存在时就不是这样了。当把像元值与地球坐标系中的固定网格联系起来时,地表温度产品及其它所有地表产品在对待复杂的混合像元时都将遇到困难。

# 地表反照率监测

陆地表面反照率是描述地球辐射季节性变化特征及其对生物

圈和气候过程产生影响的一个重要参数。反照率是陆地表面反射率在各个方向积分,因此依赖于双向反射分布函数(Bidirectional Reflectance Distribution Function,简称 BRDF)。BRDF 描述了地表反射率与观测角和太阳天顶角的关系,依赖于不同的波长,由地表的结构和光学特性决定。如与地表各种成分、面元方向分布和面元密度有关的阴影、多向散射、能量传输、反射、吸收和发射等。地表反射率可由 BRDF 依据光谱、方向、空间和时间特征来提供。反照率量化了陆地表面和大气界面之间辐射度。一方面,反照率定义了下边界层的大气辐射传输,另一方面,反照率包含了进入生物圈的全部短波能量信息,是表面能量平衡的一个关键影响因子。

最近一些先进的遥感数据(如 EOS/MODIS)引起人们很大关注。这是因为通过 BRDF 可以把卫星在各种不同太阳-几何条件下观测得到的反射率标准化到统一的标准太阳光学-几何条件下。在遥感数据镶嵌和多时相合成中经常会有不同太阳光学几何条件的反射率标准化问题。BRDF 同时也是陆地表面的潜在生物物理信息源。最重要的是通过 BRDF 可以确定陆地表面反照率。

BRDF 和反照率所看到的陆表特征时空分布反映了自然变化和人类的影响,后者正是全球变化研究中最感兴趣的部分。比如由于农业活动、滥伐森林和城市化等对陆地反照率的影响就是例子。生物气候循环,如季节变化和农作物生长;气象参数,如土壤湿度和降雪分布;气候趋势,如土壤沙漠化,植被覆盖变化和降雪模式等。

反照率是气候模型的一个基本参数,因为通过它可以导出陆地边界层主要能量通量。不同分辨率的全球表面反照率产品对于全球和区域气候模型研究是非常有意义的。当前气候模型中使用的反照率是从陆地覆盖类型网格数据中导出的。基本反照率数据表可以追溯到各类野外测量,粗分辨率云顶 ERBE 观测或者模型计算。因此需要更加精确地定义反照率,反照率应该是陆地覆盖类型、季节和太阳天顶角的函数。要做到这一点,必须能够大范围地较为精确地计算高分辨率(公里级)陆表反照率数据。

## 原理和方法

有植被陆表的双向反射率分布函数核驱动模式试图将 BRDF 表示为一系列 BRDF 基本核的线性叠加。获得一个理想的核需要简化和处理一个物理模式,使其满足:

$$R = C_1 K + C_2$$

其中 $K$ 是观测几何和光照几何的函数,$C_1$ 和 $C_2$ 为常数(包含物理参数),$R$ 是 BRDF 值的模拟值。

研究人员针对不同的植被覆盖类型,提出了不同的核模型,如 Ross-厚核、薄核,Li-稀疏核、密集核等。这些核都与观测天顶角、光照天顶角、相对方位角及散射相角有一定的关系。

完整的半经验核驱动模式定义为各核的线性叠加。形式如下:

$$R = f_{\text{iso}} + f_{\text{gco}} K_{\text{gco}} + f_{\text{vol}} K_{\text{vol}}$$

方程由几何光学表面散射核和辐射传输柱散射核近似叠加获得,每项以 $\alpha$ 或$(1-\alpha)$的比例相乘。这些比例是陆地覆盖类型的面积比例,显示每一种散射类型(忽略两种成分的多重散射),或作为陆地覆盖类型的混合比例,显示 BRDF 的柱散射和 BRDF 的几何光学贡献。$f_{\text{gco}}$和 $f_{\text{vot}}$是各自的权重,$f_{\text{iso}}$是各向同性贡献。

线性模式在全球数据处理上有很多优点,主要表现在:任何一个线性模式均可通过矩阵转置对获得的方程组进行转置分析,使误差函数为 0,能够正确估计参数 $f_{\text{gco}}$,$f_{\text{vol}}$和 $f_{\text{iso}}$。其次,BRDF 的半球和全球有向积分都可对每一个核单独预处理。模式的反照率仅仅是 $f$ 加权的核反照率之和。通过查照表,将避免模式的数字积分。第三,假定临近效应很小,线性 BRDF 模式在空间线性成比例。这将用于混合像元情形,上面列出的模式因子中用面积比例参数表示。这个特征同样用于 BRDF 的定标和从空间分辨率到粗空间分辨率(如气候模式中某个特定分辨率)的反照率。总之,由于模式的一些参数与波长有关，便可从多波段分析中提取一些，对其他进行假设。

核驱动模式也可理解为经验模式，核为经验函数。Walthall 等人(1985)提出并将核形式改进为：

$$R = P_0(\theta_i^2+\theta_v^2)+P_1\,\theta_i^2\theta_v^2+P_2\,\theta_1\theta_v\cos\phi+P_3$$

这个公式由角度函数加权叠加构成，权重 $P$ 是模式参数，其中 $\theta_i$ 和 $\theta_v$ 分别是观测天顶角和光照天顶角，$\phi$ 是上述两个角度的相对方位角。

EOS/MODIS 的 BRDF/反照率产品的算法称为 Ambrals（各向异性地表 MODIS 双向反射率算法），各核相组合，称为 Ambrals BRDF 模式。

MODIS 的 BRDF/反照率产品算法的理论背景如下：

转置核驱动模式有以下形式：

$$R(\theta_i,\theta_v,\phi,\Lambda,I_1,I_2)=\sum_{k=1}^{n} f_k(I_1(\Lambda))K_k(\theta_i,\theta_v,\phi,\Lambda,I_2(\Lambda))'$$

对 BRDF 的一系列不连续值有：

$$R_l(\Lambda)=\sum_{k=1}^{n} f_k(I_1(\Lambda))K_{kl}I_2(\Lambda))$$

其中：$R$ 为反射率；$\theta_I,\theta_v,\phi$ 同上；$\Lambda$ 是波段；$I_1$ 和 $I_2$ 是描述散射光的参数列；$K_k$ 是核：代表特殊观测几何和光照几何($\theta_I,\theta_v,\phi$)系数。公式表示：一个波段的核驱动 BRDF 模式定义为基本 BRDF 形式的叠加，核形式 $K$ 仅仅是观测几何和光照几何的函数；所得反射率核值 $k_{kl}$分布由相应参数或权重 $f_k$ 给出，作为波长的函数，依赖于核内参数。叠加核数量为 $n$，通常选取 3 个核——第一个为常数集，代表各向同性散射，第二个代表柱散射，第三个代表地表散射。

MODIS 的 BRDF 转置和反照率算法（各向异性地表双向反射率算法）以核定位编程，而不是模式定位，因此，它更加灵活有效。发生在观测角和光照角的所有核的值都被计算并列表，因此，对每一种几何情形和每一个核，函数都仅运行一次。之后，每一个核值 $K_{kl}$ 都可以通过查照表获得，以提高计算速度。由于模式组转置共享核，因此可以有效利用代码，避免重复计算。三角表达式也被几个核共享而仅需计算一次。

算法的核基方法也有其他一些优点：如允许核数量的增加，并允许任意数量的核自由组合，描述一个新模式。这一特征对 BRDF/反照率的空间递归也是非常重要的。

核驱动模式的线性化使计算时间大大降低。由于积分与角度有关，且只有核依赖于这些角度，如果预先知道，BRDF 的积分就可以写成核积分加权的和，权重与 BRDF 模式中相同。于是可以预先进行大量的核积分，将结果放在表格里，从表格里查取这些值，进行简单的线性结合来计算反照率，大大减少了运算量。任意天顶角的黑天空反照率和双模式的白天空反照率(拟合最佳模式和 Walthall 模式)几乎不用计算机就可以直接对模式参数进行计算，核积分列表就可以为用户提供产品。对于宽波段反照率，也将用同样的参数化表格给出。

MODIS 和 MISR 陆地波段提供了深空和白空反照率。为给全球气候模式提供一个更有用的反照率产品，需要提供三个宽波段的反照率，前二个为 0.4～0.7 μm 和 0.7～3.0 μm。以 0.7 μm 为分界线，这个波长将向下的太阳光谱分为两部分—植被吸收辐射部分和植被散射辐射部分。前两个波段加权并求和得到后一个宽波段(0.4～3.0 μm)反照率。通过加权窄波段反照率，完成了窄波段向宽波段反照率的转化(与向下的太阳辐照度相关)。这种方法已用于卫星天底观测并得到比较满意的结果。

图 6.5 为 MODIS BRDF/反照率算法流程。经过大气订正的地表反射率与大气状态信息一道传输给 BRDF 和数据库处理程序。再将这些数据处理计算，一个高空间分辨率(1 km)多角度反射率数据库就可以引入算法，进行 BRDF/反照率的计算。这个过

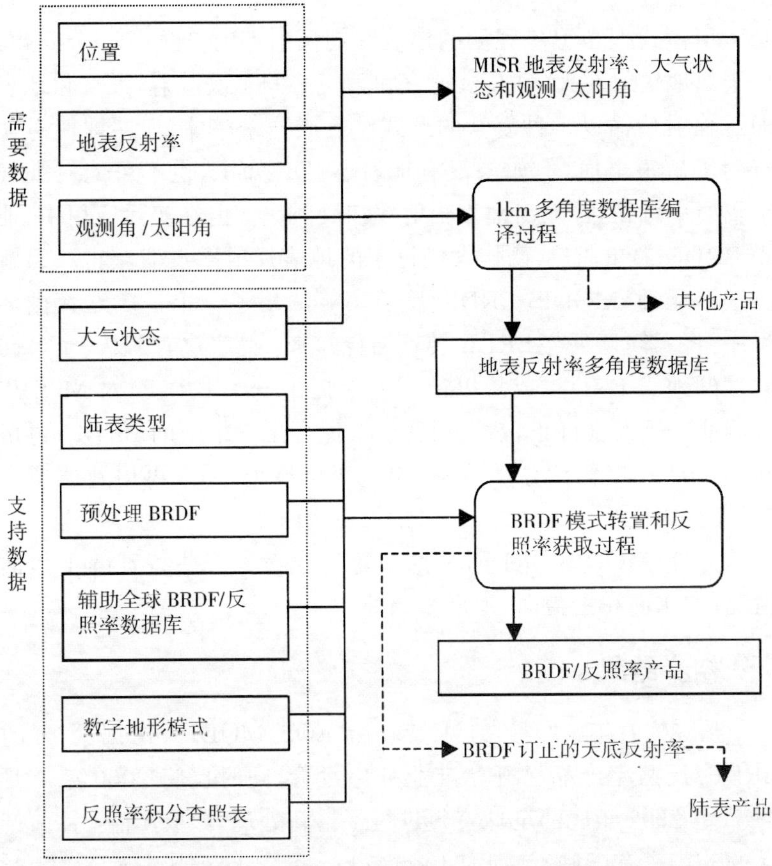


图 6.5　MODIS BRDF/反照率处理流程

程也读了辅助数据，一个核反照率查算表，一个反照率值查算表，同时考虑了漫射光反照率。如果 BRDF/大气耦合项用于大气订正，它将以先前的 BRDF/反照率产品或其他保留未变的源为基础，获得的新的 BRDF 为最终产品；否则利用数据，产生新的耦合项来描述大气状态，表面反射率得到更新，产生了一个改进的 BRDF。这个过程也将被写进包含 BRDF 订正反射率的文件中，输出到陆地覆盖产品数据库。

用模式拟合卫星观测的地表双向反射率时产生了一个问题：由于离地辐射在大气中、及地表和大气之间多次散射，大气和地表通过辐射传输以一种复杂的形式结合成一个整体，表明即使对大气的了解很全面，但如果没有地表 BRDF 知识，也不可能对大气顶辐射率订正，计算出地表辐射率和反射率。但在实际应用中，地表 BRDF 未知，需从已作大气订正的地表反射率反演获得。为解决这个矛盾，MODIS BRDF/反照率算法用了一个一次迭代循环程序，将大气订正与 BRDF 转置结合起来。简言之，假设一个各向同性的地表 BRDF，或从以前产品中提出一个 BRDF，对 MODIS 观测值进行大气订正，然后用反射率拟合出一个新的 BRDF；再用新的 BRDF 重新计算反射率，如果变化显著，那么再用新值拟合最终的 BRDF。

另外，MODIS BRDF/反照率算法也考虑一些特殊的下垫面情况，如水面和雪盖面、地形影响等。

## 初步结果

从 2002 年 12 月 31 日起，由 EOS/MODIS 数据反演的 BRDF/反照率产品已开始准业务化运行，同时已将 2000 年 2 月 24 日至 2002 年底的全球资料进行了重新处理，形成产品。目前产品的分辨率有三种，分别为 1 km，5 km 和 25 km。其中 5 km 和 25 km 产品可通过 Internet 网得到。25 km(0.25°)空间分辨率产品满足较粗的 GCM 尺度的需要，同时也将获得一些反照率的次网格变化率信息。

# 全球卫星定位系统(GPS)和地壳形变监测

## 全球卫星定位系统(GPS)简介

GPS 是由美国研制、发射和运行管理的、由 24 颗卫星星座组成的全球导航、授时和测距系统。此系统由以下部分组成:GPS 卫星星座、地面支撑系统和用户的 GPS 接收机。20 世纪 70 年代初由美国军方提出,并开始设计和研制,经过 20 年的实施,共发射 22 颗 GPS 工作星和 3 颗试验星,于 1993 年全部建成。GPS 卫星位于 20200 km 高度的轨道上,轨道倾角 55 度,最大偏心率 0.01 度,运行周期为 11 小时 58 分。24 颗 GPS 卫星均匀分布在 6 个轨道平面上,各轨道平面的交角 60 度。在每条轨道上,各颗卫星之间的升交距角为 60 度。这样的轨道安排使地球上任一固定地点,每颗卫星每天都有约 5 小时位于地平线上。同一时刻位于地平线以上的卫星数目随时间和地点而异,但至少都有 4 颗卫星同时在地平线以上,最多可达 11 颗。GPS 卫星的星体呈园柱形。星上最主要的有效载荷是 4 台高精度的原子钟,他们产生的标准频率为 GPS 测量提供高精度的时间标准。安装在卫星底部的多波束定向天线连续不断地向地面发射 L1 和 L2 波段的载波信号。

地面支撑系统由 1 个主控站、3 个注入站和 5 个监测站组成。地面监测站的主要任务是对空间 GPS 卫星进行跟踪和定轨,然后将数据传送至主控站。主控站根据监测站数据,处理生成每颗 GPS 卫星的星历、钟差、导航电文和其它控制指令。注入站的任务则是将主控站生成的这些信息定时地注入到各颗 GPS 卫星。

地面用户接收机是整个定位系统的用户终端,由天线、接收、计算显示和存储等单元组成。其主要任务是跟踪和接收 GPS 卫星的信号;从载波信号中解调出导航电文和进行载波相位测量;由卫星星历、伪距测量计算接收机的三维座标和速度；存储初始化时间和座标、航路点、星历和卫星观测量等。GPS 接收机按其测量的精度要求可以分为导航型和测地型两大类。前者结构简单、体积小、价格便宜，但定位精度低，一般采用伪码接收，定位精度为 100 m，多用于航空、航海和陆地的实时导航中。测地型接收机结构复杂、精度高、价格贵。它采用双频伪距和载波相位接收技术，定位精度可达厘米，甚至毫米量级，多用于大地测量、地壳形变监测等精密测距中。

由于 GPS 系统具有广泛的应用前景和巨大的军事价值，世界上其它国家或集团也在发展自己的导航和定位系统。前苏联比美国晚 9 年起步，于 1982 年发射了她的全球导航卫星系统(GLONASS)的第一颗卫星。20 世纪 90 年代后期全面建成了由 24 颗卫星组成的 GLONASS 星座。欧空局在西欧各国支持下，已正式提出并通过了伽里略计划，其实质就是发展欧洲的卫星导航定位系统，拟建设由 18 颗卫星组成的卫星导航系统(NAVSAT)。中国已于 2000 年发射了自己的导航卫星星座(北斗系列)的卫星。

GPS 卫星投入业务运行之后，其应用面迅速拓宽，已发展成为应用面最宽、效益最显著的航天应用技术之一。除了军事部门按其设计要求完成导航、定位等军事任务外，测绘部门引入该技术使测绘业务发生了革命性变化；地球科学部门利用其高精度测量地壳形变；交通管制部门利用它实施各种交通工具的管理和指挥调度；气象部门利用它测量整层大气的水汽含量，在掩星事件发生时利用无线电波的延迟，测量电离层电子浓度及其垂直分布，从地面直到中层的大气温、压和密度的垂直分布。

### 地壳形变监测

地球表面的变形是地球变化的几何表象，它包含着重要的地球内部的物质运动和变化的信息。另一方面，在中国范围内，地壳运动是以地块运动为主要特征的，利用空间对地精密定位技术，连续不断地监测不同尺度的地块运动与形变，是研究地球内部动力学和监测预报地震的重要手段。

目前，空间定位技术发展十分迅速，其应用主要沿两个方向发展。一是基于超高精度的静态定位（达 $10^{-8}$～$10^{-9}$），主要用于地球科学的各分技学科，如：地球各圈层动态变化的监测；二是基于 GPS 动态定位的应用，主要是在社会经济和军事应用的有关方面。

由于 GPS 技术能为静态和动态的目标提供高精度、廉价和高效的定位，其发展十分迅速。为了证实 GPS 技术可用于监测地球的动态变化，1992 年全球组织了一次 GPS 地球动力学服务的联合测量。结果表明，GPS 定位技术具有高精度测量地面点位，以及监测地球动态变化的巨大能力，促成了全球 GPS 的国际合作，国际地球动力学 GPS 服务（IGS）就是其标志之一。

IGS 在全球高精度定位中占有十分重要的位置。IGS 由一个中央局和几个数据中心与数据分析中心组成。其跟踪网由全球 2000 多个基准站组成，我国的上海、武汉、拉萨、西安、昆明、北京、乌鲁木齐和台北等 8 个站是其组成部分。IGS 向全球用户提供以下服务：

- GPS 卫星的精密星历
- 地球自转参数
- IGS 跟踪站的坐标和位移速度
- GPS 卫星和跟踪站（接收机）钟差信息
- 电离层信息

IGS 提供的以上参数服务是各 GPS 站高精度定位所必须的基本信息。目前 IGS 提供的 GPS 卫星的综合星历的定轨精度约为 5～10 cm，位移速度的精度为 1～3mm/年。IGS 几个分中心研制的高精度定位软件，如：GIPSY（加州喷气推进室发展）、GAMIT 软件（麻省理工学院发展）、BERNESB 软件（瑞士伯尔尼大学天文研究所发展），在全球得到了广泛使用。

地壳运动的监测和地球动力学的研究包括:全球板块大构造运动、亚板块和板内地块的构造运动,以及小尺度局部活动的地形变监测等。目前全球地壳运动的GPS监测,除了IGS的全球网外,在板块边沿地壳活动剧烈,地震活动频繁的地面已布设了许多GPS监测网。

美国,在西部从阿拉斯加到加利福尼亚的沿板块边界区建立了多个永久台和流动台相结合的监测网。其中,在加洲南部建立了由250个观测站组成的永久性密集网。这些台网产生的数据已服务于地震监测和科学研究,包括区域性中长期地震危险估计、地壳结构、断层演化过程及地震破裂动力学过程研究等。

日本作为一个地震灾害频发的国家,已建立了由约1000个固定GPS观测站组成的日本地壳运动连续观测网络。由观测资料初步确定了由于太平洋与菲律宾板块下插造成地壳形变的运动学模型,并在局部地区观测到由于断层及岩浆活动造成的地表形变,为研究形变源的时空演变提供了基础。

我国利用GPS技术监测地壳运动起步较早,自20世纪80年代中期开始至"中国地壳运动观测网络"(一期工程)建成,取得了中国地壳大尺度运动的初步结果:中国的地壳运动以中部的南北地震带为界,西部的地壳形变量大、复杂,东部的形变量小,相对比较平稳。西部的地壳运动在印度板块对欧亚板块作用的影响下,呈现出南北向缩短,东西向伸长的基本特征。运用GPS观测资料对我国活动地块模型进行了定量分析,初步得到了11个有明显相对运动的活动地块,为研究地块内部的稳定性、块体运行边界断层的活动性和震害危险性,及建立大陆地壳动力学模型提供了基础。

# 参考文献

陈泮勤,马振华,王庚辰译．1992．地球系统科学．北京:地震出版社

陈泮勤,孙成权．1992．国际全球变化研究核心计划(二)——全球变化研究系列文集．北京:气象出版社

陈泮勤,孙成权．1992．国际全球变化研究核心计划(一)——全球变化研究系列文集．北京:气象出版社

陈述彭主编．1990．遥感大词典．北京:科学出版社

大气科学海洋科学编委会．1987．中国大百科全书．大气科学,海洋科学,水文科学卷．北京:中国大百科全书出版社

董超华主编．2001．气象卫星遥感反演和应用论文集．北京:海洋出版社

董超华等．1999．气象卫星业务产品释用手册．北京:气象出版社

谷松岩．2003．星载被动微波遥感反演地表湿度信息应用研究．北京大学博士研究论文

国家科学技术委员会．1990．气候．中国科学技术兰皮书第5号．北京:科学技术文献出版社

李爱贞．2001．气象学与气候学基础．北京:气象出版社

李崇银．1995．气候动力学引论．北京:气象出版社

刘瑞霞等．2001．利用ISCCP资料分析青藏高原云气候特征．南京气象学院学报．20(1):41～46

刘玉洁,杨忠东等编著．2001．MODIS遥感信息处理原理与算法——空间信息获取与处理系列专著．北京:科学出版社

刘玉洁,袁秀卿,张红．1992．用气象卫星资料监测积雪，环境遥感，7(1)，24～31

马霞麟,张凤英．1986．用卫星资料反演臭氧总量的初步试验．大气科学．10(4)

田国良主编．1990．黄河流域典型地区遥感动态研究．科学出版社

王松皋,胡筱欣,王维和,刘虹等译．1995．遥感的物理学和技术概论——美国J·威廉父子公司遥感系列专著．北京:气象出版社

魏丽,钟强.1997.青藏高原云的气候学特征.高原气象.16(1):10～15

翁笃鸣,高庆先,刘艳.1997.应用ISCCP云资料反演青藏高原地面总辐射场.南京气象学院学报.20(1):41～46

翁笃鸣,韩爱梅.1998.我国卫星总云量与地面总云量分布的对比分析.应用气象学报.9(1):32～37

徐冠华,李德仁,刘先林.1996.遥感在中国.北京:测绘出版社

徐希孺主编.1991.环境监测与作物估产的遥感研究论文集.北京:北京大学出版社

许健民,方宗义,徐建平,郭陆军等译.1994.气象卫星-系统,资料及其在环境中的应用.北京:气象出版社

尹宏.1993.大气辐射学基础.北京:气象出版社

曾忠一.1988.大气卫星遥感学.台湾渤海堂印

翟盘茂等.2000.ENSO监测和预测研究.北京:气象出版社

周嗣松.1984.应用卫星红外窗区遥感资料反演海面温度时的云检测和大气削弱订正.海洋学报.1984(2)

总装备部有效载荷及应用技术专业组应用技术分组.2001.卫星应用现状与发展(上,下册).北京:中国科学技术出版社

Baglio JV, and Holroyd E W III. 1989. Methods for operational snow cover area mapping using the Advanced Very High Resolution Radiometer, San Juan Mountains test study, USGS Research Technical Report, USGS/EROS Data Center, SiouxFalls, SD

Gutman G. 1992. Satellite daytime image classification for global studies of Earth's surface parameters from polar orbiters. *Iternational Journal of Remote Sensing*, 13(2), 209—234

Gutman G, and Tarpley D. 1987. Cloud screening for determination of land surface characteristics in a reduced resolution satellite data set. *International Journal of Remote Sensing*, 8, 859—870

Hall D K, Martinec, J. 1985. *Remote Sensing of Ice and Snow*. London, New York, Chapman and Hall, 189 p. GB2401. 72. R42H35 1985

Kidder SQ and Wu HueyA-Tzu. 1984. Dramatic contrast between low clouds and snow cover in daytime 3.7 μm imagery. *Mon Wea Rev*, 112, 2345—2346

Menzel P. 2000. Advancing the NOAA Remote Sensing Capabilities, NOAA/NESDIS/ORA

NOAA KLM. 2000. User's Guide, NOAA/NESDIS, USA

Robert, C. A. Philip A. D. and Carlyl H. W. 1990. Snow/cloud discrimination with multispectral satellite measyrements. *J Appl Meteor*, 29, 994—1004

Stowe S, and Gutman G. 1991. Global distribution of cloud cover derived from NOAA/AVHRR operational satellite datav. *Adv Space Meteor*, 11(3), 51(54)

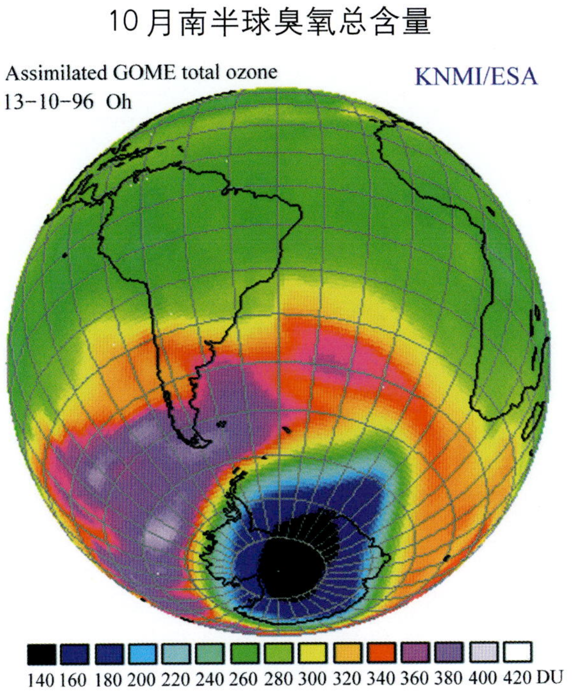


彩图 1 雨云卫星观测得到的南极臭氧洞(1996 年 10 月)

(引自 Paul Menzel)

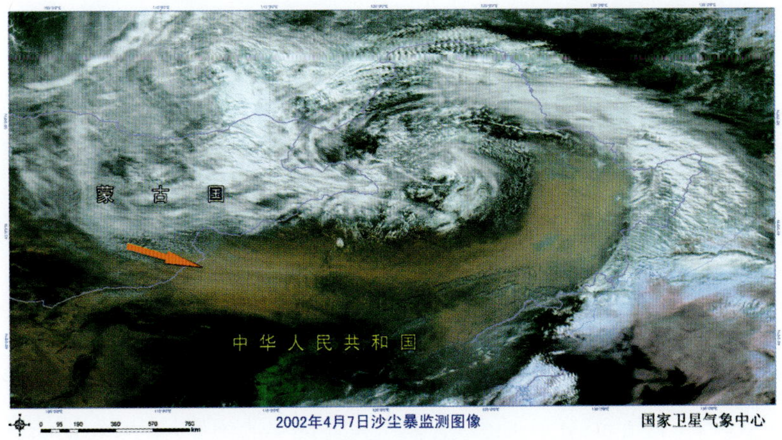


彩图 2 沙尘暴的卫星遥感监测图

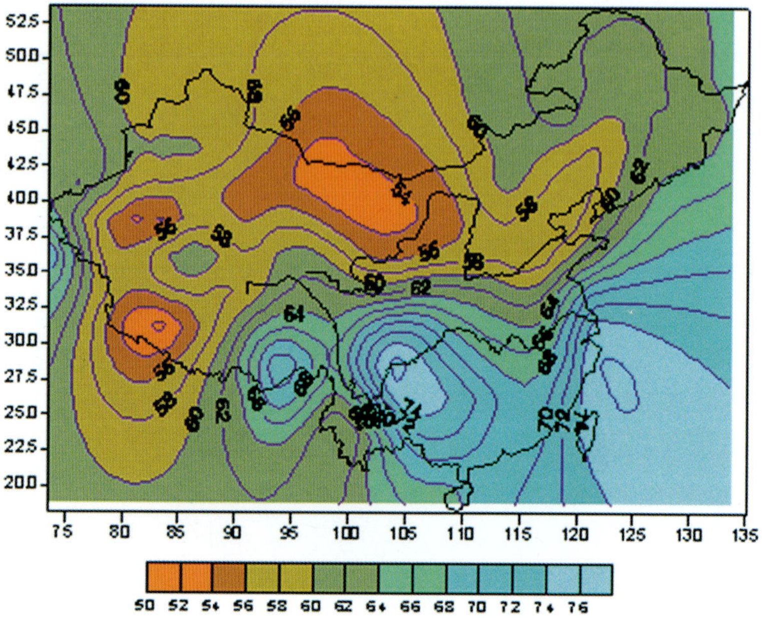


彩图 3 中国总云量空间分布形势

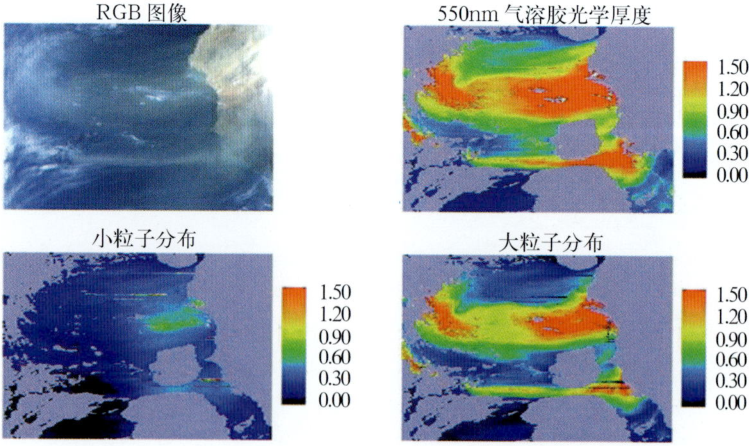


彩图4 Terra卫星MODIS遥感探测器得到的大西洋上空的气溶胶光学厚度(2000 年 2 月 29 日)

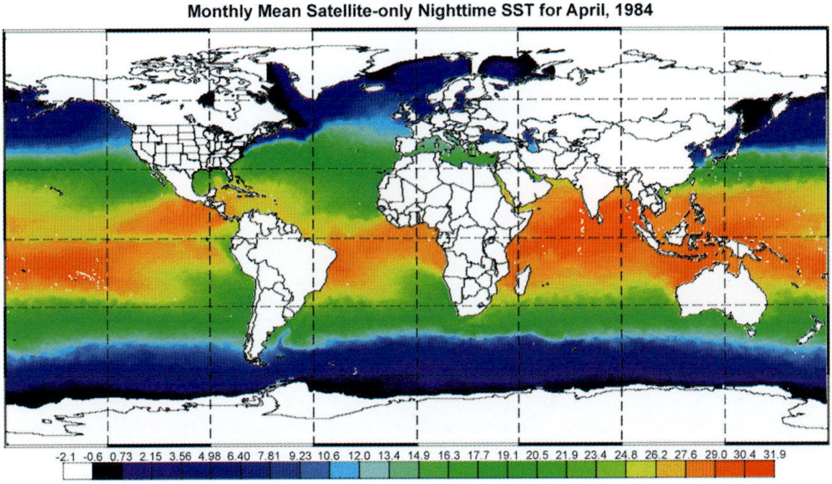


彩图 5 美国 NESDIS/NOAA 计算的 1984 年 4 月全球海面温度图

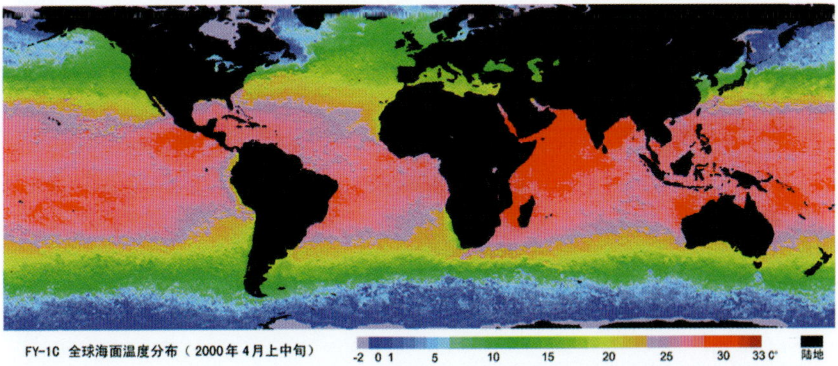


彩图 6 利用 FY-1C 卫星数据计算的全球月平均海面温度产品

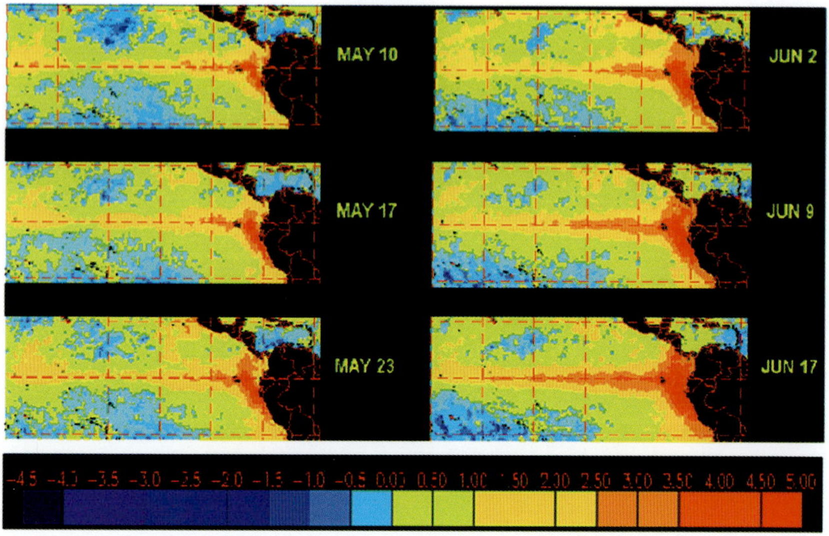


彩图 7 1985 年部分卫星遥感全球海面温度图

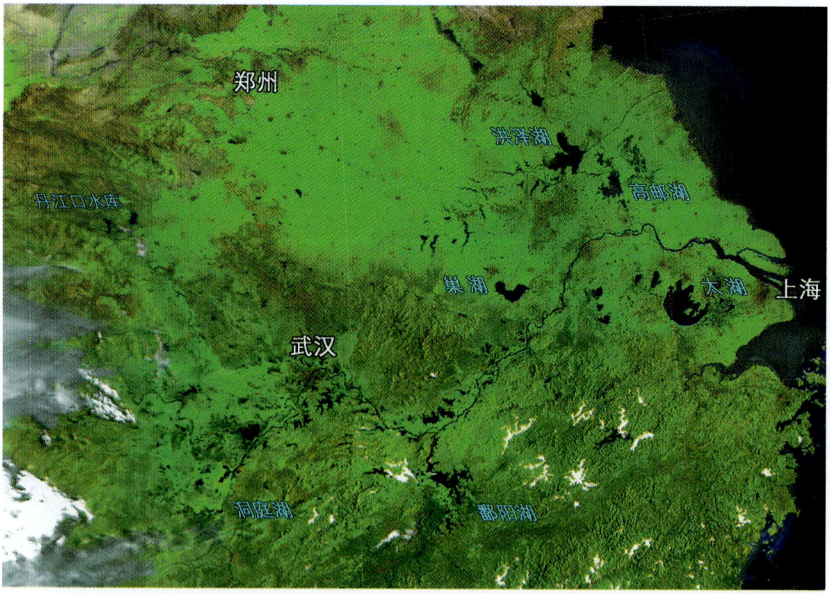


彩图 8 FY-1C 的长江流域(洞庭湖、鄱阳湖区域)枯水期水体分布图

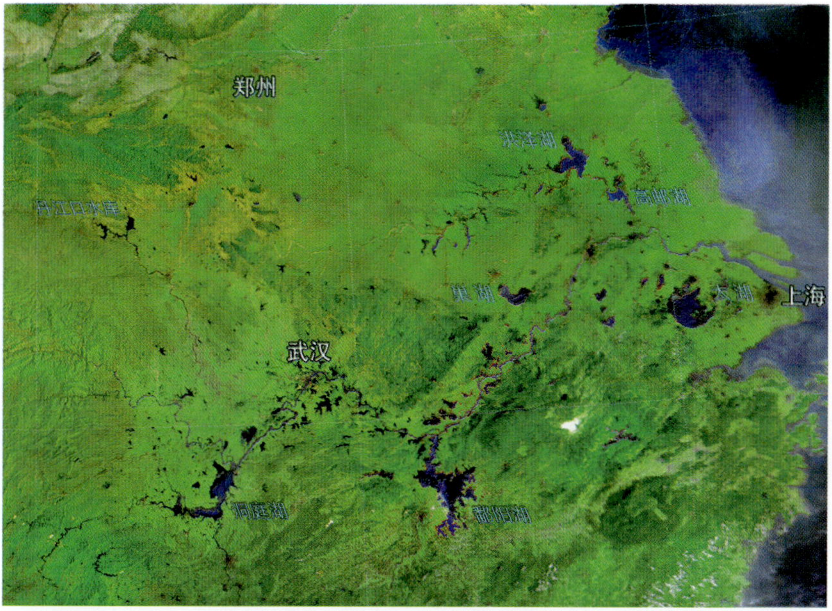


彩图 9 FY-1D 的长江流域(洞庭湖、鄱阳湖区域)丰水期水体分布图

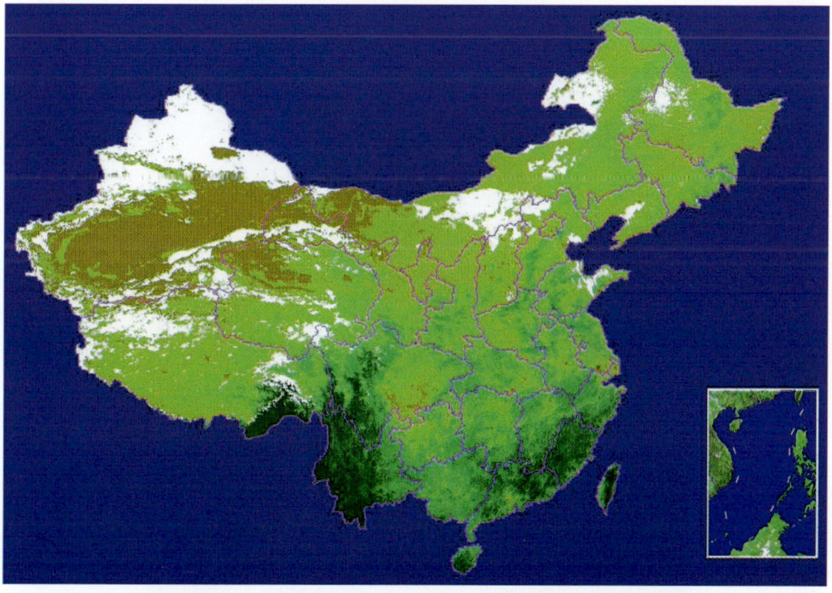

彩图 10 人机交互获取的中国地区积雪分布图

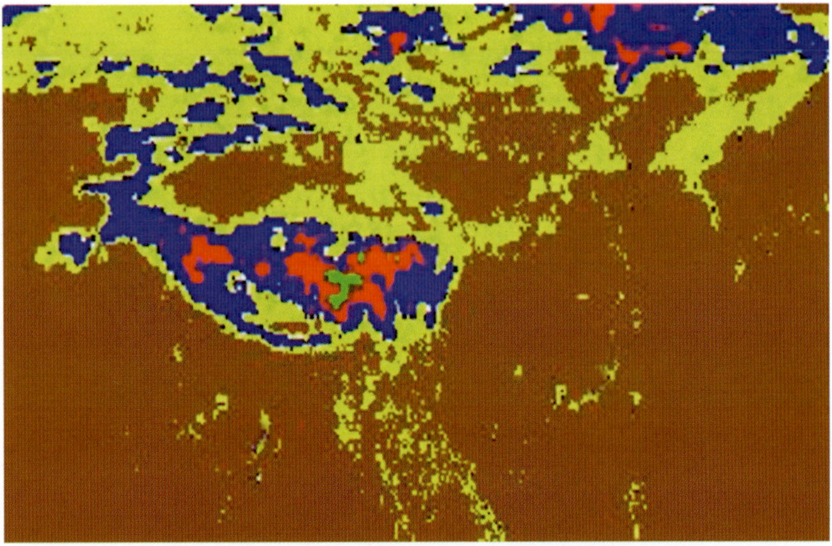

彩图 11 利用 SSM/I 资料计算的 1997 年 12 月雪深分布图

（图中，土黄色表示雪深为 0～0.1 cm，黄色为 1.0～10.0 cm，蓝色为 10.0～30.0 cm，红色为 30.0～70.0 cm，绿色大于 70.0 cm）

(a)

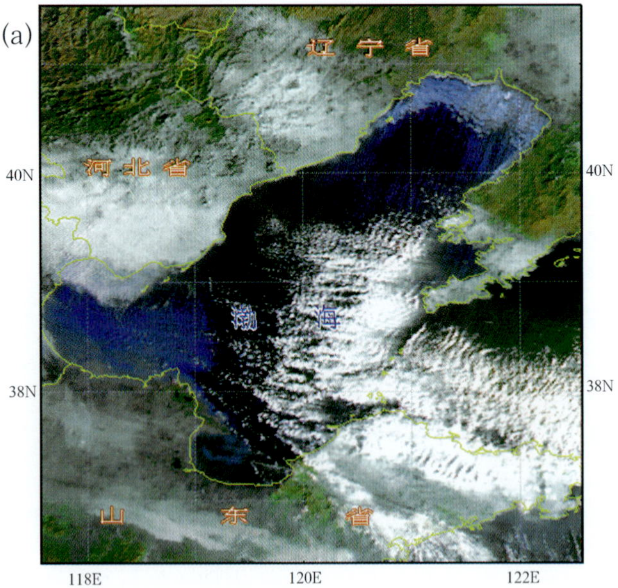

(b)

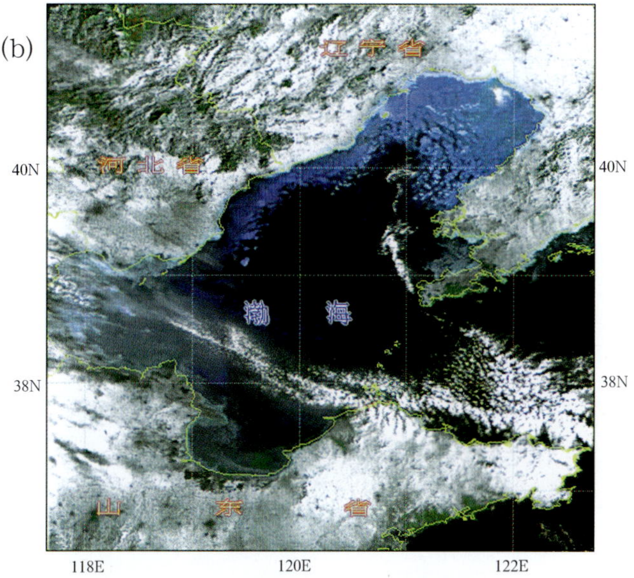


(c)

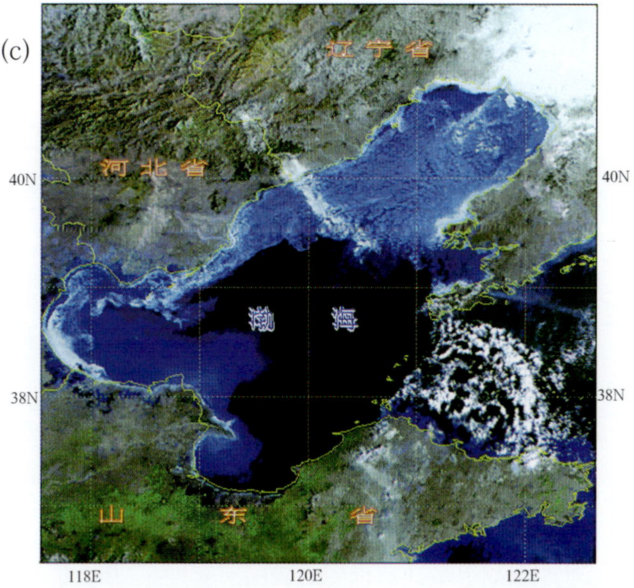


彩图 12　1999 年 12 月 25 日(a)，2000 年 1 月 15 日(b)和 2000 年 2 月 15 日(c) 渤海海域海冰图像

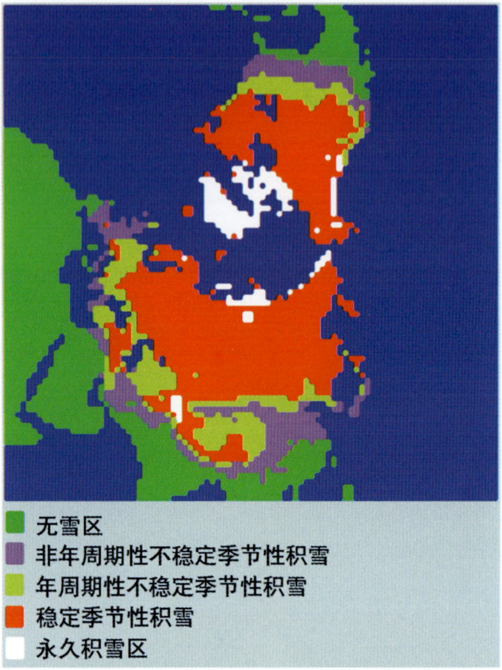


彩图 13　北半球积雪分布图

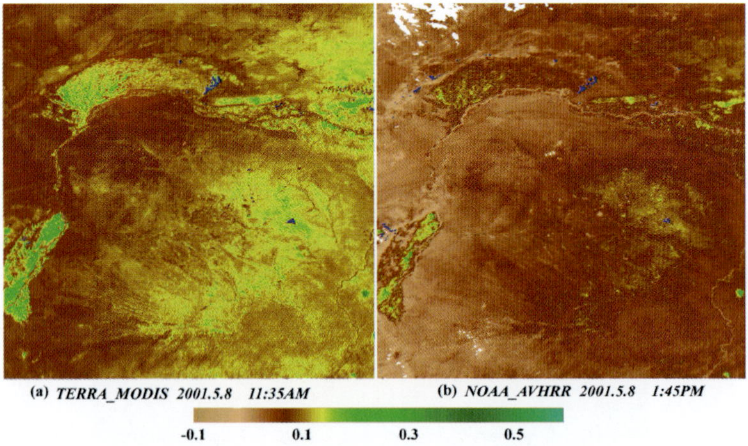


彩图 14　由对地观测卫星计算得到的我国河套地区 2001 年 5 月 8 日植被分布图。其中，图(a)为 MODIS 数据计算得到；图(b)为 AVHRR 数据计算得到

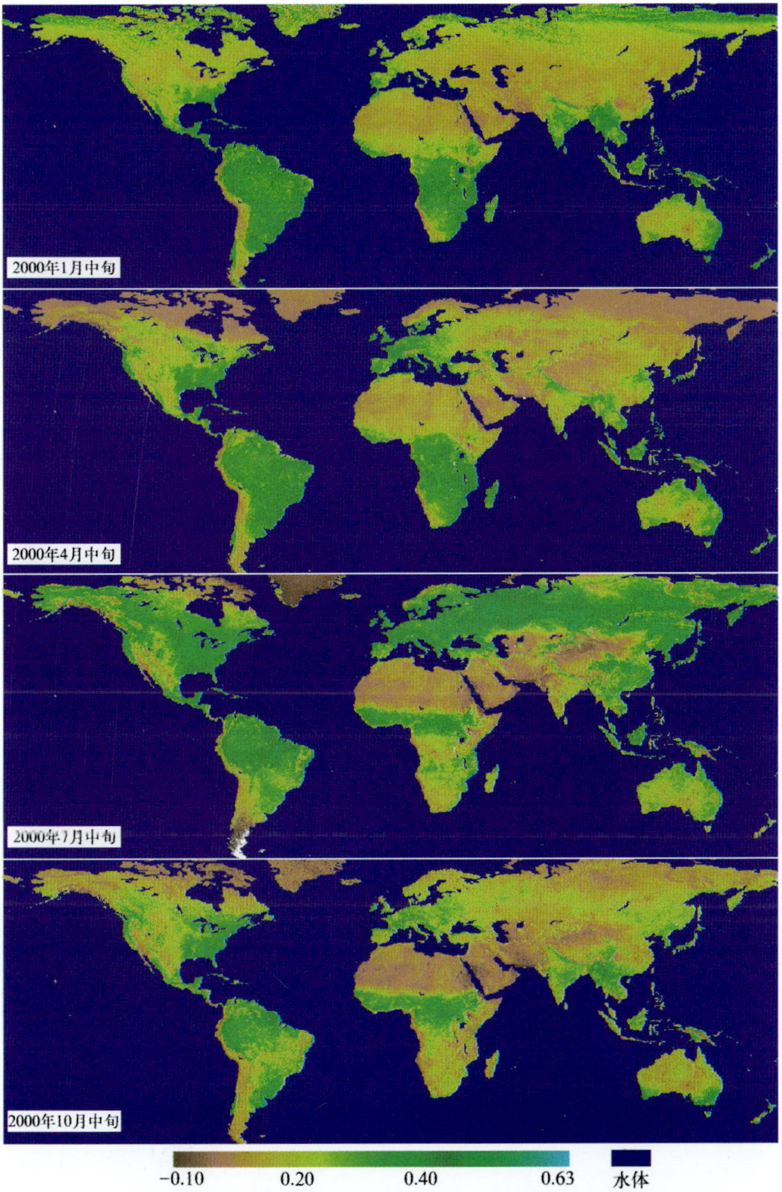


彩图15 NOAA-14 2000年1、4、7、10月中旬全球植被指数(NDVI)分布。图像范围为0～360°，北纬75°至南纬55°

（注：1月中旬图像的北半球高纬地区因太阳高度角太低形成许多噪音，故70°附近的绿带为噪音带）

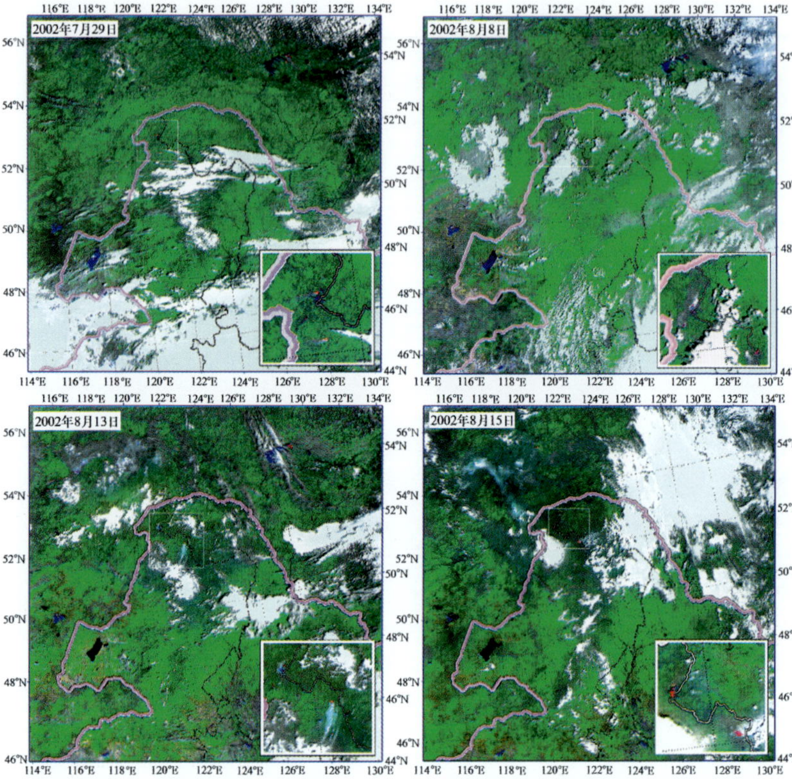


彩图16 2002年7、8月间发生在内蒙古大兴安岭原始林区森林火灾部分图像

（图中红色为正在燃烧的火，绿色为植被，白色为云）

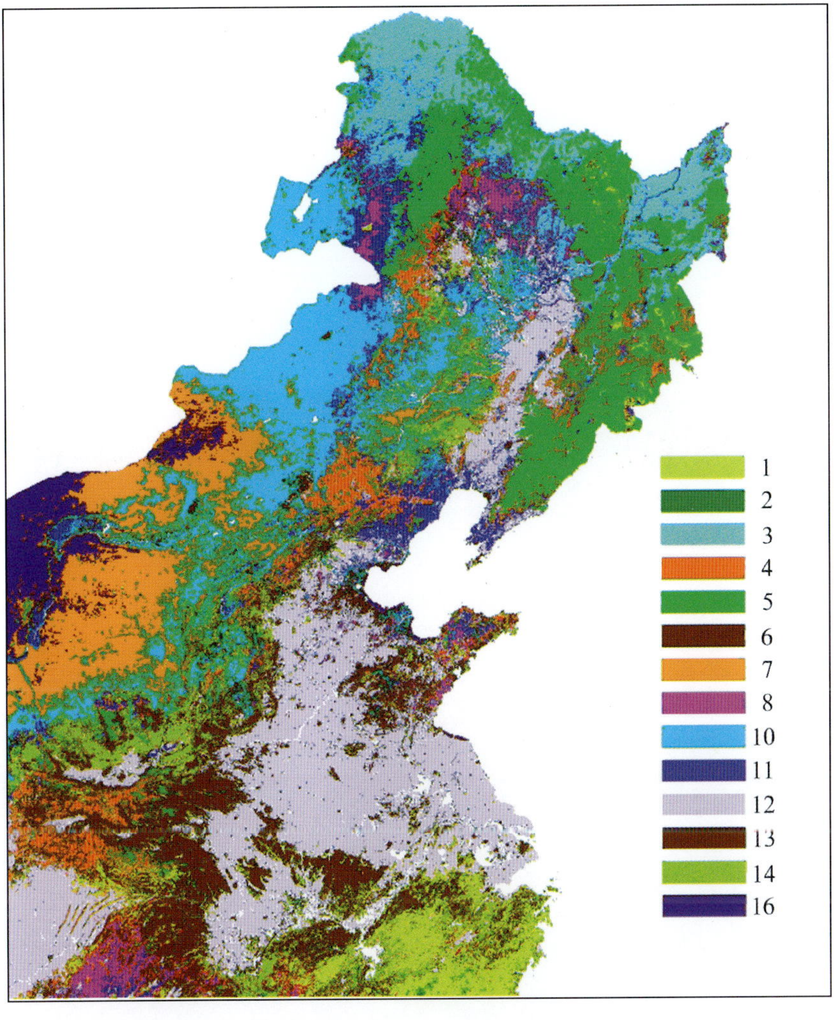


彩图 17 中国东北部地区地表覆盖分类。除水体外共有 16 类，该区域没有第 9 类和第 15 类

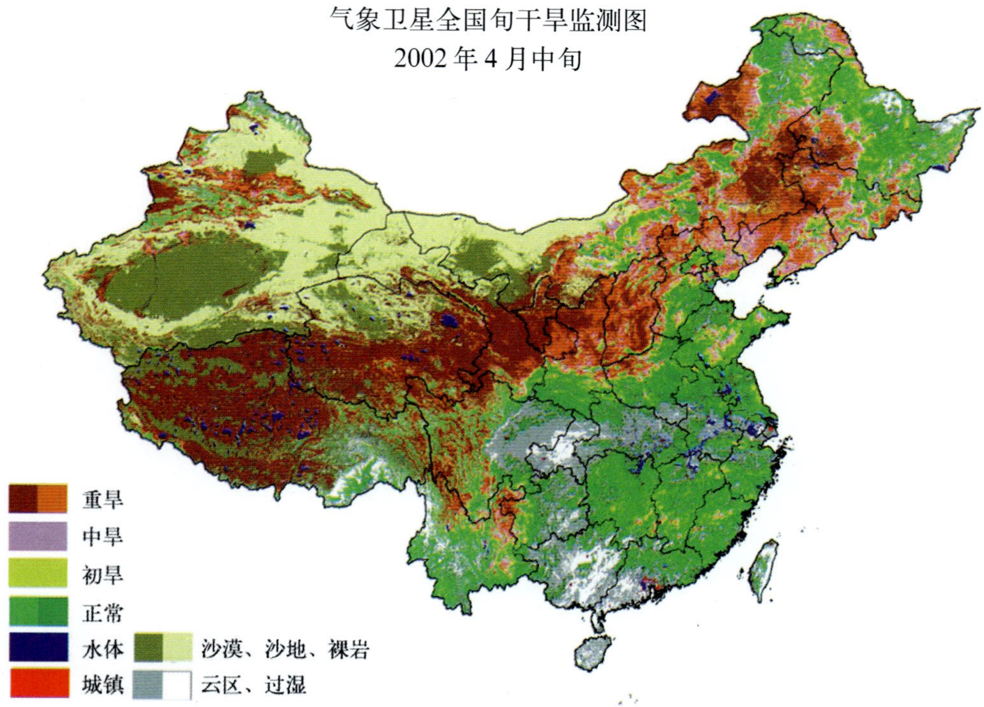


彩图18 利用NOAA/AVHRR资料计算得到2002年4月中旬我国干旱分布